北京交通大学电信学院大创作品汇编

戴胜华 陈 新 编

北京交通大学出版社

·北京·

内 容 简 介

从 2011 年开始，北京交通大学电信学院每年 3 月都会举办大学生创新作品展示及现场交流会，该活动由电信学院主办，电信学院大学生创新活动中心（北京高等学校示范性校内创新实践基地）承办，内容包括实物作品展、创新成果展、创业团队组建会、创新项目企业对接会和创新大赛等，本书汇编了其中的168 项优秀作品。

本书既是对北京交通大学电信学院大创工作所做的总结，也为后续工作起到了良好的示范作用。

版权所有，侵权必究。

图书在版编目（CIP）数据

北京交通大学电信学院大创作品汇编／戴胜华，陈新编. —北京 ：北京交通大学出版社，2017.5

ISBN 978－7－5121－3186－6

Ⅰ．①北… Ⅱ．①戴… ②陈… Ⅲ．①电信-电子技术-文集 Ⅳ．①TN91-53

中国版本图书馆 CIP 数据核字（2017）第 075481 号

北京交通大学电信学院大创作品汇编
BEIJING JIAOTONG DAXUE DIANXIN XUEYUAN DACHUANG ZUOPIN HUIBIAN

责任编辑：黎 丹

出版发行：北京交通大学出版社　　　　电话：010-51686414　　http://www.bjtup.com.cn

地　　址：北京市海淀区高梁桥斜街 44 号　　邮编：100044

印 刷 者：北京艺堂印刷有限公司

经　　销：全国新华书店

开　　本：185 mm×260 mm　　印张：18.75　　字数：468 千字

版　　次：2017 年 5 月第 1 版　　2017 年 5 月第 1 次印刷

书　　号：ISBN 978-7-5121-3186-6/TN·109

定　　价：128.00 元

本书如有质量问题，请向北京交通大学出版社质监组反映。对您的意见和批评，我们表示欢迎和感谢。

投诉电话：010-51686043，51686008；传真：010-62225406；E-mail：press@bjtu.edu.cn。

前　言

　　"国家级大学生创新创业训练计划"是教育部"高等学校本科教学质量与教学改革工程"建设项目中直接针对大学生个体或团队所设立的覆盖面最广、影响最大的项目之一，是教育部高等教育司于 2006 年开始组织实施的"国家大学生创新性实验计划"项目的延续和发展。近 10 年来的实践表明，该项目的实施对于教育思想观念转变、学生主体意识和创新意识的提升均发挥了重要作用，受到了广大师生的普遍赞誉和欢迎。

　　2011-2016 年北京交通大学电信学院共有 354 个项目得到"国家级大学生创新创业训练计划"的资助，累计参与学生近 1 350 人次。通过让学生参与项目开发，激发了他们的创新精神与创业热情，推动了人才培养模式的改革。

　　为了给学生的大创作品提供一个展示和交流平台，北京交通大学电信学院从 2011 年开始举办大学生创新作品展示及现场交流会，并委托电信学院大学生创新活动中心（北京高等学校示范性校内创新实践基地）承办，取得了良好效果。本书收录了北京交通大学电信学院的优秀大创作品 168 项。在此，对所有参与大创项目的指导教师、学生及相关部门和机构表示诚挚的谢意，同时也要感谢诺基亚公司从 2014 年开始连续三年资助"诺基亚杯"创新大赛，为优秀的作品提供更多展示机会和奖金。

编者

2017 年 4 月

目　　录

项目名称：微博用户影响力评价系统的设计

项目分类： 论文
完成时间： 2011 年
指导教师： 贾　凡
项目成员： 谢琳琳　丁若婷　王雪娇

一、项目简介

　　微博即微型博客，是一种允许用户即时更新简短文本，并可以公开发布的博客形式，它允许任何人阅读或者只能由用户选择的群组阅读。与传统博客相比，微博发布更便利、传播更迅速，发布字数限制在 140 字之内，用户可以使用手机、计算机等工具进行信息的浏览、发布，所发信息实时传达，并可一键转发。即时性和分享性是微博的两个主要特性，消息可以迅速地送达到具有相同兴趣爱好的用户群组，也可以实现用户之间的互动，同时用户可以将信息转发给其他好友。

　　微博的用户既有演艺明星、政府部门、企事业单位，也有大量的"草根"和"粉丝"，不同用户的追随者和被追随者、发帖数量、转帖数目等都大不相同，这些都决定了用户在整个微博群体中的影响力。微博的快速发展让越来越多的企业、政府机构、个人认识到微博对信息传播的重要作用，开始关注并有针对性地利用博客。在信息的传播过程中，不同用户所担当的角色不同，作用也不同。显然，微博系统中具有较大影响力的用户对信息的传播具有关键作用。因此，如何量化微博中用户的影响力、如何选择用户影响力的评价指标，具有非常重要的意义。

二、作品照片

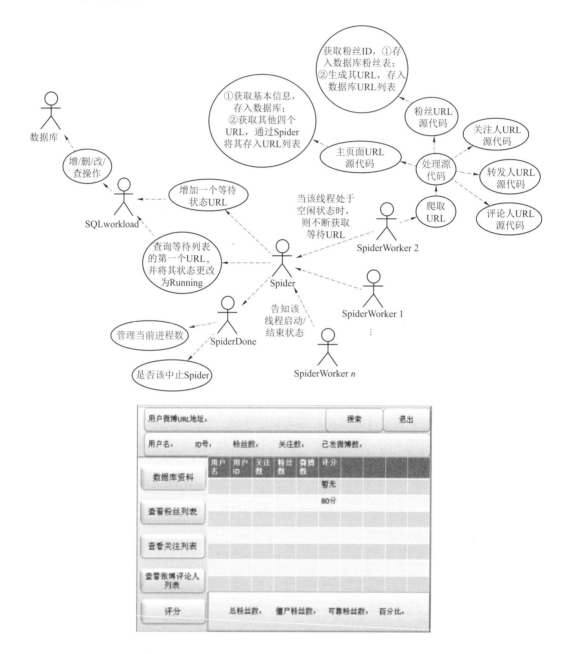

三、项目创新点

  针对网络新媒体——微博的日渐普遍，关注微博用户的影响力评价是解决许多微博应用的关键和基础，而对用户影响力评价和量化的方法本身就是一个新课题。我们的课题将理论研究与实际网络数据处理相结合，能够帮助学生全面提高数学建模和编程的能力。

项目名称：自平衡轮式机器人教学演示系统

项目分类： 实物
完成时间： 2011 年
指导教师： 陈后金　陈　新
项目成员： 毛静娜　王洪一　赵　亢　孙宵芳　李文郑

一、项目简介

平衡利用的是鲁棒性原理。结合生活中让一根木棒在手指尖上平衡的例子我们得出结论：当机器人向左倾斜时控制车轮向左加速运动，当机器人向右倾斜时控制车轮向右加速运动，通过控制轮子转动，抵消在一个维度上倾斜的趋势便可以保持机器人平衡了。

二、作品照片

三、项目创新点

在实际研究过程中，我们发现利用程序实现滤波有点复杂，而且比较困难。后来我们就采用了一种硬件滤波，可以简单地通过调节滑动变阻器来实现滤波。经过验证后发现，这个硬件滤波是可行的，而且效果非常好。

项目名称：高速公路智能节能照明系统

项目分类： 实物
完成时间： 2011 年
指导教师： 戴胜华
项目成员： 杨成敏　李　娟　陈冬冬

一、项目简介

高速公路路灯的节能问题日渐凸显。为了满足日益增长的高速公路路灯需求，解决高速公路无灯的安全隐患，节约照明成本，节能节电，我们设计了以下节能方案：路灯采用旋转式灯头，在车辆到达时可实现路灯的自动开启和跟踪式照明。另外，由于旋转式单个路灯的有效照明面积较大，从而可以缩减路灯数量，实现双重节能。

此系统充分考虑了高速公路照明的实际状况，依据高速公路上车辆速度快、间隔距离大的特点，设计出跟踪照明方法，实现了对路灯的动态智能化管理。

二、作品照片

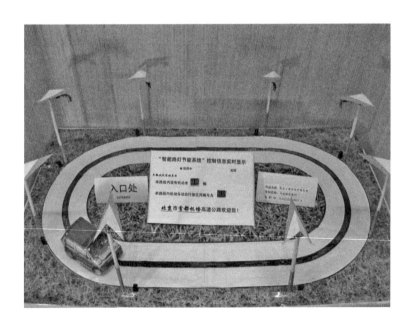

三、项目创新点

① 可实现有车辆通过时路灯自动开启、无车辆时路灯自动关闭，克服了已有系统夜间需要人工巡检的不足。

② 旋转式灯头，大大增加了每盏路灯的有效照明面积。

③ 增加了路灯间隔，降低了路灯安装密度，有效节电的同时也节省了安装维护成本。

④ 自动控制与智能化信息反馈。采用距离开关、红外传感器等实现对夜间路况的自动检测及反馈。

⑤ 有效减少信息传输的中间环节，将路灯的监测、控制、执行部件合为一体，减少了中间通信部件的安装维护成本，同时缩短了信息传输所需的时间，提高了高速公路路灯的反应灵敏度和工作效率。

⑥ 可以消除高速路上意外事故的发生和无路灯时的隐患。

项目名称：基于图像识别的列车突发情况的自动停车设计

项目分类： 实物
完成时间： 2011 年
指导教师： 戴胜华
项目成员： 要婷婷　谢琳琳　汪　沛　何　悦　欧阳碧云

一、项目简介

近年来，中国铁路发展迅猛，但列车运行控制整体水平与欧洲、日本等国家和地区仍有较大差距。目前北京交通大学已成功研制出国内唯一具有完全自主知识产权的 CBTC 系统，并在北京地铁亦庄线成功运行，开启了中国列控系统追逐世界先进水平的大门。列控系统还有很长的路要走，也需要更多人才、资本的投入。

本项目主要研究基于图像识别的列车突发情况的自动停车设计，这对我国列车运行控制系统的研究及轨道交通事业的发展具有一定的推动作用。同时随着视频模块的加入，可以很好地解决山体突然滑坡及道口路段的行人安全等问题。

二、作品照片

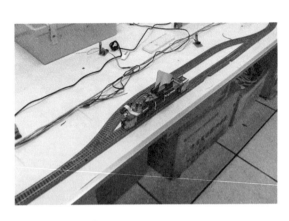

三、项目创新点

① 采用无线模块模拟 GSMR 进行通信，贴近 CTCS-3 的列控系统。

② 仿真实现移动自动闭塞。

③ 增加视频识别模块，利用图像识别技术判断列车前方的实时情况，提高了列车运行的安全性。

项目名称：智能移动喷洒装置

项目分类： 实物
完成时间： 2011 年
指导教师： 黄 亮
项目成员： 石 光　朱佳佳　莫如凯　王宁伟　田 宇

一、项目简介

　　智能移动喷洒装置能够自动浇灌草皮、花卉或农作物，可以实现定时喷洒和定量喷洒。该装置能够自动发现需要灌溉的目标，准确定位后自动移动到目标处进行喷洒。

　　智能移动喷洒装置主要是基于传感器、机械设备和单片机等技术，整个系统由供水装置、支架、导轨、低速电机、可转动喷头、单片机、传感器、电磁阀门等组成。到达喷洒时间时，首先检测有没有需要灌溉的目标，若发现目标，进行目标定位。然后，可转动喷头在低速电机的牵引下沿导轨移动至目标地前方。最后，供水装置供水，打开控制阀门进行喷洒，并按照事先设定好的剂量进行浇灌，浇灌完成后，装置回到原处。

二、作品照片

三、项目创新点

　　该装置能够自动发现需要灌溉的目标，定位后自动移动到目标处进行喷洒，可以实现定时喷洒和定量喷洒。

项目名称：电容式触摸屏（板）原理教学演示系统

项目分类： 实物
完成时间： 2011 年
指导教师： 马庆龙
项目成员： 缪畅宇　范博龄　文冠人　马　骁　刘　洋

一、项目简介

本项目主要实现电容触摸技术功能演示。在探究本质和自我创新的基础上，基于 Cypress 公司 CapSense 电容感应基本原理，实现单点触摸、触摸条感应及触摸板感应的技术。

本项目共分为三个模块。单点触摸模块使用单孔电路板作为基座，元器件和导线均为手工布置和焊接，有数字芯片 13 块，自制触摸按键 1 个，七段数码管 3 个，LED 灯红、绿各 1 个，8 位拨码开关 1 组，电阻电容及导线若干。触摸条感应模块使用自制覆铜腐蚀板作为基座，上面布有硬件连接线、触摸条、stm32 最小系统板、5 块 555 芯片、5 个贴片 LED 灯和贴片电阻电容若干。触摸条由一组（5 个）波浪形触摸按键构成。触摸板感应模块使用专业覆铜网格 PCB 板，集成了触摸板、LED 点阵、PSoC3 最小系统板和 STC21LE5A60S2 芯片，触摸板由 8 行 8 列菱形触摸感应片构成，上面覆有绝缘层，LED 点阵为成品 8×8 点阵。

二、作品照片

三、项目创新点

本项目紧扣热点，将热门数码电子产品与所学电子技术相结合。市面上很难找到专门利用触摸技术原理演示的教学设备，本项目刚好可以填补这一空白。

项目名称：嵌入式通用游戏开发平台

项目分类： 实物
完成时间： 2011 年
指导教师： 陈 新
项目成员： 丁 琛 胡 鸿 季睿军 郝梓萁 王春慧

一、项目简介

本项目的目标是实现一个可以方便游戏开发商开发游戏机的通用平台，以及和平台相关的软件支持（包括库文件和例子）。游戏开发商拿到平台之后，可以很方便地进行软、硬件同步开发，不仅缩短了游戏机的开发周期，而且还能减少开发成本。

该平台搭载 ARM11 处理器，在 WinCE 系统上开发底层硬件驱动（包括 VGA 接口、投币器、退币器、按键、摇杆、串口、通用 IO 等），同时将驱动逐层封装成用于二次开发的库文件。游戏开发商在设计游戏的过程中可以方便地调用这些库文件里的函数来实现对硬件的控制，这样在游戏开发完成的同时硬件也能开发完成，达到软、硬件同步开发的效果。

二、作品照片

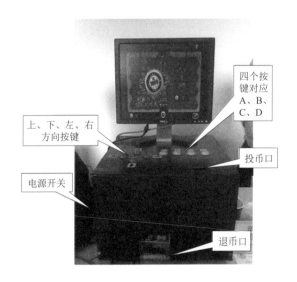

上、下、左、右方向按键

四个按键对应 A、B、C、D

投币口

电源开关

退币口

三、项目创新点

本项目针对市场的实际需要，开发一个可以方便游戏开发商开发游戏机的通用平台，从而改变传统的游戏机开发模式，使得游戏开发可以软、硬件同步进行，从而达到缩短开发周期和减少开发成本的目的。

项目名称：PWM 开关功率转换器 PSPICE 模型及应用

项目分类： 实物
完成时间： 2011 年
指导教师： 高 岩
项目成员： 曹荣珍　陈玲鸿　于　莉

一、项目简介

PWM（脉宽调制）开关功率转换器的仿真为实际设计提供了理论依据，从而节省了人力、物力。

PSPICE 仿真平台自带的仿真模型库不能直接用于开关功率转换器的仿真（仿真速度慢，甚至不收敛，易导致仿真失败）。本项目应用 PSPICE 仿真平台提供的丰富基本功能，建立适用于开关功率转换器仿真所需的基本单元电路模型（包括 PWM 控制集成电路、精密基准集成电路、变压器、回滞开关、数字逻辑电路、误差放大器、光电耦合器、MOSFET 等基本单元电路模型），并利用所建立的基本单元库搭建系统仿真模型。

利用 PSPICE 平台提供的扩展功能，使系统仿真模型不仅能够用于分析，而且具有一定的计算机辅助设计功能，实现系统主要设计的自动化。

应用驱动与均压技术，采用 MOSFET 串联方法可以有效解决高耐压与低导通电阻的矛盾，为实现高压功率转换提供了一条可行途径。本项目通过仿真验证了该技术的可行性。

二、作品照片

三、项目创新点

① PSPICE 仿真平台自带的仿真模型库不能直接用于开关功率转换器的仿真，本项目应用 PSPICE 仿真平台提供的丰富基本功能建立了适用于开关功率转换器的仿真库，实现了仿真及计算机辅助设计。

② 应用驱动与均压技术，采用 MOSFET 串联方法可以有效解决高耐压与低导通电阻的矛盾，本项目通过仿真验证了该技术的可行性。

项目名称：智能车竞赛跑道清洁检测车

项目分类： 实物
完成时间： 2011 年
指导教师： 马庆龙
项目成员： 杨慧莹　刘成龙　张永航　郭　峰　华诗雨

一、项目简介

本项目为全国大学生智能车竞赛的辅助项目。该竞赛要求智能车在以白色 KT 板为材料的跑道上进行竞速比赛，跑道表面清洁程度对比赛和赛车调试影响很大，因此需要经常对跑道进行清洁维护和检查，跑道长度达几十米，工作量很大且浪费人力。

本项目要求设计并制作一个智能车竞赛跑道清洁检测车，它能够自动沿跑道运行，同时采用多种措施对跑道表面进行清扫，并检查跑道表面是否存在破损、摩擦力明显下降等问题。

（1）清洁

车底部装有清洁风扇，后面连有清洁滚胶轮，行驶时，先通过清洁风扇将跑道上的灰尘等脏物吹出跑道，然后通过滚胶轮再对跑道进行二次清洁，确保对跑道的清洁能力。

（2）检测

车前部装有超声波测距装置，通过测量跑道与超声波装置的距离来判断跑道相应地点是否平整，若跑道平整，小车正常行驶，液晶显示屏上显示"跑道平整"字样。若测得跑道某处不平整，则小车停下，液晶显示屏上显示"跑道不平整"字样。

二、作品照片

三、项目创新点

清洁车能满足对智能车跑道清洁和检测的基本要求，并对尘埃和颗粒进行处理，对可能影响智能车行进的不平整情况进行检测。同时，它还有更加完善的改善可能，譬如对路径的记录、无线发送路况信息以便进行路况的实时检测和路况监测等。在实际生活中，也时常利用公路检测清洁车进行路面的监测。

项目名称：基于 RFID 的未来超市系统

项目分类： 实物
完成时间： 2011 年
指导教师： 付文秀
项目成员： 赵　泽　刘予昊　张　曦　张捷敏　张　超

一、项目简介

　　本项目的目标是设计超市商品管理系统，通过 RFID（射频识别）技术实现超市运作的各项职能，以提高超市的运转效率。本项目可以实现利用 RFID 读卡器对商品到货检验、入库、出库、调拨、移库移位、货存盘点等各个作业环节的数据进行自动化采集，并及时地反映给超市的管理者。其中由 RFID 中间件负责管理并收集上传读卡器的数据，在 PC 机上有可以与中间件通信的接口程序，在上位机上还有可以实时采集与及时更新的网络数据库与高层管理界面程序。

　　完成了嵌入式开发平台的搭建后，基于 ARM 和 Linux 系统我们开发了 RFID 中间件，可连接多协议多读卡器，能实现数据处理工作，并可以通过 ALOHA 算法解决射频识别技术中的碰撞问题。同时，我们还用 VB 开发了上位机接收中间件数据的接口程序，可以将接收到的数据处理后，通过网络接口存储到网络数据库中，同时可以自动检查重复数据，防止数据库报错等问题。此外，我们还用 HTML、CSS、Java Script 等语言结合 Ajax、KPI 等技术创建了超市货物的网络管理平台，完成了后台网络数据库的建立，能对整个超市进行管理，并构建、模拟了未来超市环境。

二、作品照片

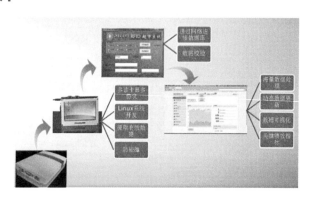

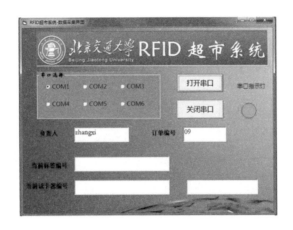

三、项目创新点

基于 RFID 的未来超市系统是一套符合当今和未来超市需求的多功能、高效率的系统。该系统充分利用 RFID 读写距离远、速度快、灵活可靠等优点，并与超市的典型商业流程紧密结合，实现了自动化、网络化和高效无错的超市管理。

本项目的一个关键创新点是对 RFID 防碰撞问题进行了研究，尤其对时分多路法中的 ALOHA 算法进行了深入研究，并将帧时隙 ALOHA 算法应用到项目中。这种方法是目前最好的只读型标签碰撞问题解决方法。而更高级的动态帧时隙 ALOHA 算法目前还是个新兴的研究领域，我们对此也进行了一定的研究。除此之外，结合超市的需要，我们利用"Listen before talk"方案发展出了可以解决读卡器之间碰撞问题的方案，而这个问题在理论研究中往往会被忽视，而在实际应用中读卡器之间的相互干扰几乎会使整个系统无法工作。

本项目的另外一个关键创新点是使用先进的数据库与网络技术设计更符合科学管理的超市管理层软件。我们使用了 HTML、CSS、Java Script 等语言构建软件的界面，并用 MySQL 构建后台数据库，这些语言与数据库软件均是开源的、免费的，这意味着我们的管理层软件并不会涉及任何版权费用问题，并且是实时连网的。

项目名称：基于空气质量检测的预置通风控制器

项目分类： 实物
完成时间： 2011 年
指导教师： 刘　颖
项目成员： 张　卓　张夏敏　李冰洁　刘　苏　刘　昭

一、项目简介

本项目研究的基于空气质量的预置通风控制器主要由检测端、预置通风控制软件和控制端三部分组成。基于空气质量检测的预置通风控制器不同于一般的智能通风控制器，它的主要工作流程是通过检测端将所测得的甲醛、CO_2、VOC 及温度数据通过串行口传输到 PC 机上的预置通风控制软件，用软件对采集到的数据进行优化、校准，再将优化后的数据通过串行口传输到作品的控制端，控制端通过该数据控制排风扇的开关。

二、作品照片

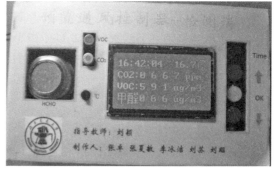

三、项目创新点

产品成本主要集中在检测端上。如果采用 PC 机作为中转站，可以实现一个检测端对应多个控制端，控制端可通过检测端的检测数据进行控制时间的自动预制，由此可以大大降低成本。另外，该产品通过合理地控制通风时间，减少了许多不必要的能耗浪费，达到了低碳环保的效果。

项目名称：下一代中国列车控制系统仿真与算法验证平台设计

项目分类： 实物
完成时间： 2012 年
指导教师： 戴胜华　李正交
项目成员： 薛连芳　李嘉艺　苗长龙　张春圆　刘　玄

一、项目简介

本仿真平台是以 STM32 芯片为核心，通过无线串口模块与列车功能模块及地面设备保持通信，通过软硬件模拟列车在 CTCS-4 级下实现 ATP/ATO。

在列车模型中，通过 STM32 模拟车载主机，通过无线传输模块实现无线通信，通过霍尔传感器装置实现列车定位，通过数码管和发光二极管显示列车信息，用直流电机作为动力装置等。

本仿真平台借助面向对象的 C++语言自主设计基于对话框的上位机程序，实现了系统的无线闭塞中心（RBC），完整地模拟了 CTCS-4 级列车控制系统，即完全基于无线传输信息的列车控制系统（目前国内没有）。该系统可取消地面轨道电路，由无线闭塞中心（RBC）和车载子系统共同完成列车定位和运行控制，实现虚拟闭塞或移动闭塞，进而实现列车自动防护（ATP）和列车自动驾驶（ATO），在保证行车安全的前提下，提高列车运行效率，节省能耗。

二、作品照片

三、项目创新点

本仿真平台借助自主设计的软硬件，完整地模拟了 CTCS-4 级列车控制系统，即完全基于无线传输信息的列车控制系统。该系统可取消地面轨道电路，实现虚拟闭塞或移动闭塞，进而实现列车自动防护和列车自动驾驶。本项目具有众多的优点：首先是系统的开放性，技术规范得到国际认证，生产商便于制造；其次是互可操作性与互用性，由于技术标准统一，便于综合使用。

① 本项目实现了列车控制系统的仿真，结合铁道信号专业知识，对现实列车运行控制系统的改进和升级具有很高的参考价值，尤其对 CTCS-4 级列车控制系统的实验教学具有一定的参考意义。

② 下一代列车控制系统的传输方式相对于轨道电路通信，不仅通信量增大了，而且由于减少了很多轨旁设备和轨道电路，使得施工维修更为简便，同时大大减少了列车的运行间隔，提高了列车的运行效率。

③ 本项目的兼容性和可升级性强，可以随时加入更加先进的零部件与先进的子系统，及时更新，保持持久的先进性。

项目名称：基于智能手机的电动车显示与控制系统

项目分类： 实物
完成时间： 2012 年
指导教师： 戴胜华　李正交
项目成员： 阙春秀　梁云涛　颜　霓　成冠雄　周婧榕

一、项目简介

本项目的目的是设计实现基于智能手机的电动车显示与控制系统。智能手机与电动车控制系统之间通过蓝牙模块进行通信，通过 Android 系统实现与电动车的动态交互。同时智能手机兼作智能显示模块，可以解决电动车载 DMI 耗电大的问题。基于智能手机的人机交互界面可以显示当前速度、电池余量、可行驶时间等数据。在应用程序中添加智能算法，可以控制电动车的运行模式，让电动车表现出一些智能的节电特性。例如，采用死区控制算法减少电动车的加减速次数；确定目标距离，缓慢加减速；针对不同的道路特性，调整巡航选项，达到最佳能效比等。

二、作品照片

三、项目创新点

本项目将目前最火的移动操作平台与短距离无线高速通信协议相结合，实现的系统具有性能高、成本低、应用范围广等特点。

该控制系统的特色体现在：完美的系统优化和 UI 设计；提供了更为丰富的行车参数；优化了行车模式；科学、安全的驾驶指导；硬件强大且易于随身携带。

项目名称：基于 MSP430 的低功耗无线数据采集及管理系统设计

项目分类： 实物
完成时间： 2012 年
指导教师： 陈 新
项目成员： 薛寒星　卢 盾　侯海军　董子坤　岳 亮

一、项目简介

本项目是基于 TI 公司的 MCU MSP430 设计的一套能够在复杂环境下对远端数据进行监测和集中管理的无线低功耗系统，系统通过 ZigBee 无线通信系统自组网络，通过中继节点实现无线数据的远程监控。

本项目主要包括无线采集模块和无线接收管理器。无线采集模块可以实现对环境温度、湿度、烟雾和光亮度等信息的采集；无线接收管理器主要接收所有环境监测节点采集的数据，并对数据进行分析处理，同时对环境异常进行报警及触发相关设备进行处理等操作。

系统无须外部提供电源，全部采用电池供电，对功耗有很高的要求，在硬件、软件设计中必须合理管理各模块的睡眠模式和工作模式，充分利用系统 MCU 低功耗的特点，减少MCU 各模块的活动时间，延长它们的睡眠时间，减少功耗。由于 ZigBee 通信距离的限制，系统还需设计中继节点，实现数据远程监控。

二、作品照片

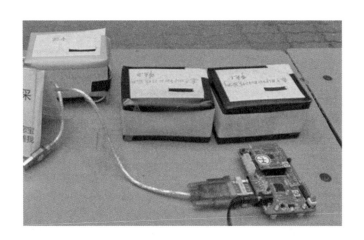

三、项目创新点

处理器采用超低功耗 MCU MSP430FG4619，传输模块采用低功耗 ZigBee 协议的 RF 芯片 CC2430。系统通过电池供电，可长期工作于无人坚守的复杂环境中，系统也可为工业应用提供可行方案。

项目名称：基于多平台的视频遥控车

项目分类： 实物
完成时间： 2012 年
指导教师： 黄 亮
项目成员： 孙 倩 胡妙春 王欣然 吴 渊 杨思雨

一、项目简介

本项目的视频遥控车辆，包括多平台的控制端和带有摄像头的车辆端，利用基于 802.11g 协议的无线网络在车辆端和控制端之间传递视频和控制数据，实现在控制端实时显示车辆端拍摄的视频图像并控制车辆运动。控制端可以运行于 PC 等多种平台下，实现多平台的联合操作。

二、作品照片

三、项目创新点

① 基于 Linux 操作系统的 OMAP 视频服务平台构建。
② 在多平台下实现网络视频的显示和控制信息的采集、发送。
③ 通过无线网络实现视频数据和控制数据的实时传送。

北京交通大学

项目名称：定向追踪器

项目分类： 实物
完成时间： 2012 年
指导教师： 陈 新
项目成员： 陈 煌 张 腾 满易川 杨景熙 杨振林

一、项目简介

本项目是受国外一款高尔夫球童机器人的启发而立项的：高尔夫球员戴上一个感应器，球童机器人就背着高尔夫球具寸步不离地跟着走。目前在国内还没有做得很好的类似产品，因此在一定程度上可以弥补国内市场的空白。

本项目的目标是实现一个可以追踪特定无线电波发射源位置的设备，可以将该设备安装在任何机械运动平台上，控制运动系统找到发射源的位置。该项目的难点在于对无线电波发射源方向的判断和发射源 ID 的识别，这个问题在室内空间尤为明显。解决这个问题后，再利用安装在机械运动平台上的运动系统、陀螺仪及超声避障系统就可以找到发射源的位置。

二、作品照片

三、项目创新点

本项目实现了对无线电发射源方向的判断和发射源 ID 的识别，该技术可以应用于日常生活、探测行业甚至军事领域等，具有较强的实用性和创新性。

项目名称：触摸式多媒体智能无子棋盘

项目分类： 实物
完成时间： 2012 年
指导教师： 陈后金 陈 新
项目成员： 邢祎梦 马啸华 叶 燊 倪博琛 李 磊

一、项目简介

围棋和五子棋起源于中国古代传统的黑白棋种，均属于策略性二人棋类游戏。两者的规则不一，但均使用格状棋盘，棋盘只在格数上略有差异，棋子常用黑、白两色区分。作为非常流行的棋类游戏，两种棋类既充满趣味又能锻炼下棋者的思维能力。相对于虚拟的网络棋类游戏，传统的采用棋子棋盘的下棋方式因其本身的绿色、健康和自然等优势得到了多数人的青睐。这两种棋类，棋子与棋盘互相分离，不易携带。改进后的棋盘主要分两种：一种是采用可擦写的棋盘，用笔迹标注代替棋子；另一种是电子棋盘，但其附加了键盘与模拟棋盘，在简洁和实用性上仍不够理想。

针对上述情况，我们设计了这样一种无子棋盘以解决以上问题：棋盘使用 LED 点阵显示颜色，用嵌入式系统控制颜色与位置输出，棋格下子位置设计有触摸开关，当玩家确定下子位置后，轻触棋盘即可完成下子，不用附加键盘，减小了棋盘体积与操作的复杂性。通过设计程序，棋盘可实现如下功能：① 棋盘可向玩家提供对语言（英文或中文）、棋类（五子棋、黑白棋或自由模式）和比赛方式（人机对弈或二人对弈）的选择；② 棋盘上装有小型显示器，显示有关对弈情况的信息；③ 在设计中使用多媒体技术，棋盘可根据对弈的进行状态对玩家进行声光方式提醒；④ 棋盘可拼接，从而解决了不同棋类对棋盘规格的要求；⑤ 棋盘可实现不同空间的联机对弈。

二、作品照片

三、项目创新点

① 无子。以发光二极管的方式形成虚拟棋子，手指触摸实现对弈，并且在无光条件下也可以工作，与高价位的电子产品相比更有优势。

② 成本低。相对于其他类的电子棋盘成本较低且功能强大，性价比较高。

③ 色彩丰富。如同霓虹灯那样的炫彩颜色，给人以视觉享受。

④ 可拼接、可拆卸。通过 USB 接口实现对棋盘的拼接与拆卸，改进方便且易于传输信息。

⑤ 有语音提示。下棋时，融入多媒体技术，进行到一定程度时会有相应的语音提示，人性化设计使其应用价值与受欢迎度大大提高。

⑥ 小型显示器。棋盘上安装小型显示器，显示与对弈情况同步的一些信息。

⑦ 可实现人机对弈、二人对弈、联机对弈。高智能化的设计使产品更加符合人的需求。

项目名称：基于 CBCT 图像的邻面龋可疑病灶检测算法研究与平台研发

项目分类： 实物
完成时间： 2012 年
指导教师： 李居朋
项目成员： 陈祥辉　马　慧　申智文

一、项目简介

本项目主要涉及图像处理、口腔医学等领域。结合多学科理论探讨医学 CT 图像分割的方法，这些关键问题的解决将对医学 CT 图像处理与分析，特别是口腔 CBCT 图像处理与龋病检测等领域的发展具有重要的科学意义和应用价值。

涉及的研究内容主要有以下几方面：

① 面向 CBCT 图像的牙齿提取、分层分割方法研究；
② 牙齿可疑龋病检测方法研究；
③ 适用于临床的 CBCT 图像处理与龋病检测系统开发；
④ 图像分割算法与龋病检测方法的性能测试研究。

整个阶段主要利用信号处理、图像处理理论，核心是龋齿 CT 图像的处理与分析算法设计；平台开发基于 Visual C++环境，可利用开源的 OpenCV 图像算法库等资源。

二、作品照片

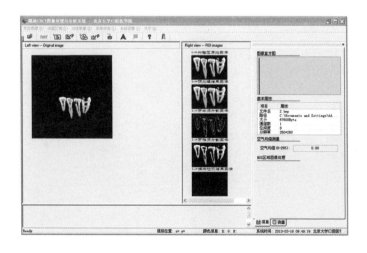

三、项目创新点

① 结合口腔 CBCT 采集图像和选取感兴趣区域，设计实现了牙齿龋病检测的图像处理与分析算法。把操作者的知识和计算机的数据处理能力有机地结合起来，从而完成了对医学图像的交互分割，避免了大量的计算，分割速度快、精度高。

② 利用 Visual C++开发环境和 OpenCV 图像处理库设计了用于临床研究的龋病检测软件，它在龋齿早期预防、医疗诊断、术前治疗方案制订等环节都具有十分重要的作用。

30

项目名称：高速信号采集器

项目分类： 实物
完成时间： 2012 年
指导教师： 陈 新
项目成员： 李 冰 田 宇 邢 哲 龚媛嘉

一、项目简介

　　数据采集系统是计算机测控系统中不可或缺的组成部分，是影响测控系统精度性能指标的关键因素之一。常用的是通过软件实现数据的采集，这在一定程度上限制了数据采集的速度、效率及时序的精确控制。20 世纪 80 年代起步的 FPGA 技术近年来发展非常迅速，并广泛应用于通信、自动化控制、信息处理等诸多领域。FPGA 具有运行速度快、容易实现大规模系统、内部程序并行运行、有处理更复杂功能的能力等特点，基于 FPGA 的研究将是继单片机之后的又一个巨大产业。国内外的信号采集器在外围电路上已经有了非常经典且固定的方案，在高性能数据采集系统中，通常采用单片机或 DSP 作为控制器，控制存储器和其他外围电路的工作，但是相对于高速且性能良好的 FPGA，其都有一些不足。所以，我们利用 FPGA 制作高速信号采集器。采用 SRAM 作为数据的存储芯片，使得到的数据能够高速地写入和读出到计算机上并完成验证数据的功能。

　　整个系统以 FPGA 为核心控制器来组织工作，它控制着整个系统的读、写、擦除等操作。系统主要解决的问题是采集、存储和数据事后读取。由于要同时对多路信号进行采集，我们运用 FPGA 对模拟开关进行均等时间推进以实现通道的转换。当转换到某一通道时，FPGA 要启动 A/D 转换器进行模数转换。为了达到高精度采集的目的，我们采用 8 位的 A/D 转换器不断进行试验，并加大采集频率，验证最高的高速信号是多少，并且根据实验再进一步提高。

二、作品照片

三、项目创新点

① 系统存储容量大、体积小，可工作在高温、高压、强冲击、强振动、高过载等恶劣环境下。采用了存储器分区存储技术，可以避免误操作将有用数据覆盖。

② 用 FPGA 芯片作为数据采集系统的控制器，代替传统的以单片机或 DSP 为核心部件的数据采集器；拥有更高的时钟频率，并且支持并行运算，可以实现多路数据的同步处理。

③ 内部延时小，集成度高，成本低。

项目名称：基于直流电机的智能机器人驱动优化设计

项目分类： 实物
完成时间： 2012 年
指导教师： 李正交
项目成员： 何浩雄　高　闯　王　霄　刘英鉴　张洪婷

一、项目简介

　　本项目的想法来源于移动机器人走迷宫研究。现有的移动机器人大多数通过电机控制、测距传感器及智能算法来完成迷宫搜索与冲刺。在移动机器人搜索运行过程中，由于环境的特殊性、自身状态的不确定性和单一传感器的局限性，仅仅依靠一种传感器难以完成对周围环境的感知，容易造成曲线行走、转弯碰壁，甚至死角无法运转等状况。

　　本项目的设计目标是制作一个基于多传感器融合的移动机器人，它能在特殊的环境下稳定、可靠、快速移动。传感器系统是移动机器人的重要组成部分，它的作用是建立合理的机器人感觉系统，以便机器人能建立起完整的信息获取渠道。本项目将使用包括陀螺仪、地磁传感器、红外测距传感器、光电编码传感器在内的多传感器融合技术，更加全面地获取周围环境信息，控制移动机器人更加稳定地、可靠地、快速完成直线加减速及转弯运行。

二、作品照片

三、项目创新点

　　本项目采用直走校正控制法则与弧形转校正控制法则，利用多传感器信息融合，更加全面地获取周围特殊环境的信息，为移动机器人准确、可靠、快速移动提供依据，并能够前瞻性地为移动机器人的下一步移动做准备。

项目名称：基于智能算法的搜索机器人路径规划的研究

项目分类： 实物
完成时间： 2012 年
指导教师： 戴胜华　李正交
项目成员： 卢　睿　计晓龙　赵倩楠　房　珅

一、项目简介

对机器人的搜索算法进行优化，使其在尽量短的时间内得到最优路径。本项目以模拟实验和实地操作为基本的研究手段和方法，通过建立 16×16 迷宫虚拟地图，利用无线串口实现机器人和计算机之间的双向即时通信。

二、作品照片

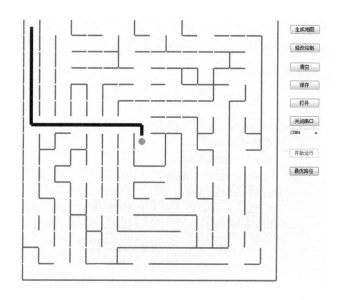

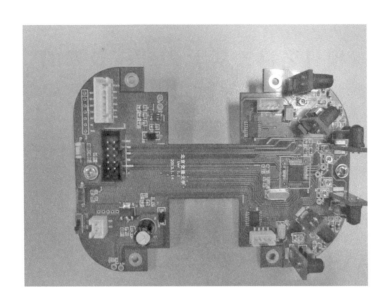

三、项目创新点

将转弯加权、故障点还原、地图补全、堆栈优先级的设定加入部分搜索算法中，减少了搜索时间。由于机器人在直道和弯道的速度不同，约差 1.8 倍，为了让等高图更加精确，采用转弯加权，直道加 1，弯道加 2。故障点还原用于出现故障时恢复所有的地图信息。地图补全是指当电脑鼠搜索发现一个格子的三面都有墙时，就不进入该格内，减少了进入死胡同的概率。堆栈优先级设有两个堆栈优先级，当检测到电脑鼠进入高优先级区域时，优先把高优先级区域搜索完成，从而使其更快搜索到终点。

之前针对搜索算法的优化大多数是通过实验进行的，我们发现在行驶中由于硬件（如红外等）和底层算法的不稳定，经常会出现撞墙现象，严重影响了路径的规划研究。所以我们建立了顶层算法优化平台进行模拟实验，提供墙壁信息，使搜索机器人在虚拟地图上按算法"运动"。

同时，我们利用串口和电脑鼠进行通信，由电脑鼠发出所在位置坐标，上位机根据坐标传回相应的挡板信息，电脑鼠决定下一步的走向，然后再次传出坐标，依次循环。电脑鼠也在地面上按照虚拟地图同时运动。

北京交通大学

项目名称：基于 ZigBee 技术的 多功能导航跟随机器人

项目分类： 实物
完成时间： 2012 年
指导教师： 路　勇
项目成员： 章叶满　张灵康　陈鹏旭　高　和　胡颖健

一、项目简介

基于 ZigBee 技术的多功能导航跟随机器人，具有跟随、导航、蓝牙控制三种基本模式，适用于机场、超市、旅游景点等。

对于定位，我们采用的是基于接收信号强度指示（RSSI）的测距定位算法，在特定的场景，用固定的 ZigBee 无线传感器建立参考节点。定位节点（安装在机器人上及手持终端设备上）从参考节点处接收数据包信号，经过定位算法来计算其坐标位置，测得的位置信息不断刷新。机器人定位节点通过 FPGA 硬件系统进行定位处理，并通过对各种传感器采集的数据进行处理，实现前进、转弯、控速、测距和避障等功能。手持终端的定位过程是由芯片 CC2431 的定位引擎实现的。这样，就实现了机器人和手持终端的实时定位。

机器人可以根据手持终端的定位坐标位置进行目标的跟随，并且当人工输入某一位置时机器人会立即查询其坐标信息，并引导使用者到达目的地，实现导航功能。在跟随和导航的过程中，机器人会以一定的频率，通过对两者坐标的计算，确定与人之间的距离，通过调整速度，保证人机之间的距离在适当范围内。机器人本身加入了红外传感器、碰撞传感器和超声传感器，在移动过程中能够实现智能避障功能。在用户使用结束后，机器人会自动返回事先设定的坐标位置，方便机器人的管理。

蓝牙技术的融合，使机器人能够即时获得控制终端手机发送的信息，只要用手机蓝牙与机器人连接，就能对机器人进行无线控制，具有极大的灵活性。

二、作品照片

三、项目创新点

① GPS 一般只能用于室外环境。本项目相对于现有的室内定位方案具有成本低、精度高等优点。

② 采用集中式定位的方法，由一个定位引擎实现对各个节点的定位。

③ 机器人定位算法全部由硬件实现，有效地保障了定位系统的实时性。相对于基于 CC2431 芯片的定位方案，本项目无论是定位速率还是盲节点的容量都具有显著的优势。

④ FPGA 具有可重构性、并行性，硬件资源极为丰富，能最大限度地利用 FPGA 的硬件资源，保证了数据采集的准确、高效，使机器人具有强大的数据分析能力。同时预留的引脚接口较多，以便机器人日后功能的升级。

北京交通大学

项目名称：虚拟现实机器人

项目分类： 实物
完成时间： 2012 年
指导教师： 陈 新
项目成员： 原 君 贾德林 李振毛 何荣涛

一、项目简介

　　本项目的目标是实现操纵者远离机器人的工作现场，却能在虚拟现场的环境下直接操纵机器人完成指定作业。在本项目中，实现此技术包括三个方面：一是在使用者身上安装轻便、易于穿戴的姿态检测系统；二是搭建一个人形机器人，使机器人可以如人一般自由活动；三是搭建脱离使用者的无线传输系统。

　　在本项目中，通过姿态控制和机器视觉的融合，能够创造一个与实际世界不同但极其相似的虚拟环境，并且操纵者可以和现实世界有着肢体、语音、视觉上的互动，这使得操纵者足不出户便可在虚拟现实中畅游。因此，该机器人既可以应用在工业方面，也可以作为一种全新的娱乐方式走进普通人的家庭。当然，这个机器人也可以为那些行动不便的人群带来关爱和快乐。

二、作品照片

三、项目创新点

① 多姿态的检测系统。通过陀螺仪、三轴加速度传感器、弯曲传感器，分别获得操纵者头部、手臂、手指等部位的运动状况，和由超声波模块得到的状态值一起通过无线系统传输给机器人，使人得到较为真实的操纵感。

② 通过安装码盘或 GPS 定位装置实现机器人在现实世界的定位行走。

③ 为机器人主体配备了全向底盘，使得机器人有了更好的运动性能，从而能更好地模拟人体运动。

项目名称：微型模拟战机

项目分类： 实物
完成时间： 2012 年
指导教师： 侯建军 陈 新
项目成员： 罗金旺 江 兵 彭致圆 杜隆生 秦方博

一、项目简介

目前国外有无人轰炸机、无人探测机、无人歼击机，很多国家也都在秘密从事机器人在军事战场上的研究。而我国在飞行技术领域相对比较落后，很多都是采用先引进再改造的方式实现创新。我们立项的目的是引导性地开辟一条新的研究路线。一个机器可能值 2 000 元，它可以代替人去冒险，去完成任务，但一个人的价值不是用金钱所能衡量的。古人云："知彼知己，百战不殆"。战场上获知敌情是取胜的关键，但在某些条件下人无法去探测，此时就可以用机器代替。

我们将目前相对成熟的视频图像处理技术应用于飞行器上，进行目标定位与识别。同时用摄像头进行目标跟踪，用 GPS 定位、导航，最后实现精确地发现目标并进行模拟射击。

二、作品照片

三、项目创新点

① 飞行器控制能力强、造价低、移动方便、可在低空自由飞行。

② 可以自动识别目标并进行模拟射击。

③ 可以定点执行飞行任务并自动返航，适合目标监控与无人区探测。

项目名称：台球识别系统

项目分类： 实物

完成时间： 2012 年

指导教师： 邵小桃　陈　新

项目成员： 池沐聪　邵　坤　施琛玉　张冰冰　何慧琳

一、项目简介

本项目是基于图像处理的美式 16 球自动摆放系统，综合了数字图像处理、单片机等技术，旨在实现台球的自动识别与摆放，以节省手工拾球和摆球所浪费的时间及人力、物力。

本项目可分为图像识别和机械摆放两大部分，具体装置有台球识别装置、台球储存装置、台球传送装置、中央控制系统等。具体实现过程为：台球被打入网兜后汇入固定管道，由摄像头识别装置将信号传入计算机，通过数字图像处理技术对台球颜色进行识别、储存并传送到中央控制器，然后通过调用单片机内预存的台球规则程序计算出球口的下一步具体移动位置，通过中央控制器发出指令使执行传送功能的电动机开始运动，将球的出口送到对应位置的凹槽，管道的门开启，使球落入相应的位置，实现一个球的自动摆放。重复以上步骤，实现所有球的自动摆放。

二、作品照片

三、项目创新点

① 本项目运用图像采集装置采集球体的颜色信息，实现了信息的采集处理，节约了系统成本。

② 在识别环节中，通过对台球的颜色进行识别而不改变球的内部结构。同时本项目不对台球桌做改动，不影响其平整度。

项目名称：基于人体生物电信号控制的人工假手样机

项目分类： 实物
完成时间： 2012 年
指导教师： 宋 宇
项目成员： 任慧超 邹运怀 申智文 马 慧 姚树智

一、项目简介

如何恢复肢体残障人士所缺失的运动功能是当前国际医工学领域研究的热点方向。以手部残疾患者为例，目前均为此类残疾人安装没有运动功能的假手（仅外观与人手相一致），不能恢复残手的运动功能。为此，开发出一种外形与人手一致，且能恢复（或部分恢复）人手运动功能的假手，对于手部残障患者重新融入社会、实现生活自理具有重要的意义。本项目就是要开发这种假手，其核心技术在于如何根据人的运动意愿来控制假手的运动，即如何建立机电系统（假手）和生物系统（人体）之间的指令传送通道。项目拟采用表面机电信号作为人工假手这一机电-生物耦合系统的信息传送通道，通过采集、分析在人体上肢相关肌群处的表面机电来辨识人体对手部下达的控制指令，进而控制假手运动。

二、作品照片

三、项目创新点

项目的创新之处是实现了控制假肢的新途径，将所有部分集成为一个系统，上位机的功能通过下位机编程来代替，让系统更加便携。应用前景是人造假肢、生物医学研究、人体外骨骼等。

项目名称：智能交通系统

项目分类： 实物
完成时间： 2012 年
指导教师： 吴 昊
项目成员： 周彦钊 成志鹏 贾积禹 孙培钦 董亚楠

一、项目简介

本项目围绕城市道路十字路口的特殊环境，以物联网中的无线传感器网络为基础，以城市道路十字路口为研究对象，分析车流密度及交通流量对红绿灯持续时间的影响，建立红绿灯智能控制系统，以保证车辆的高效运行，提高城市交通管理的效率。智能信号灯可以通过各种传感器或者摄像头探测每个方向和每条车道上的车流情况，从而相应地调整红绿灯的时间间隔。例如，在十字路口，红绿灯时间长短不是固定的，而是根据该方向的车流来调整的，当某个方向的车辆较多时，可以给相应较长时间的绿灯以方便通行，一旦全部或大部分车辆通行完毕，则马上切换信号。除了自动调节红绿灯时间外，这些智能信号灯还可以实现行驶线路相邻十字路口信号灯之间的协调互动，以促进交通畅通。

二、作品照片

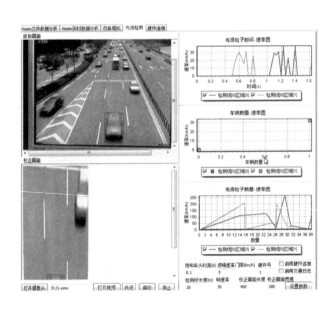

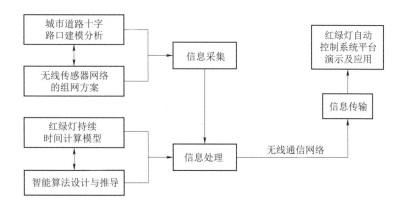

三、项目创新点

① 以城市道路十字路口为研究对象，建立二维空间的车流模型，并研究此空间内不同方向的交互性影响，具有新意和特色。

② 红绿灯依据无线传感器感应的信息，结合城市道路十字路口的车流密度，通过智能计算，实现信号的自动控制，具有实际意义，也具有创新性。

项目名称：旋转式磁流可变阻尼恒张力绕线控制器

项目分类： 实物
完成时间： 2012 年
指导教师： 刘 泽
项目成员： 陆原浦 李亚鹏 唐艺玮 胡显安 张 雪

一、项目简介

线圈产品需要绕制，线圈的张力得到有效控制才能制作精密的线圈。当前市场上已经有了多种张力控制器，过去大多数是采用滑轮、砝码等机械器件，现在也有了一些磁阻尼张力控制器。这些器件针对的都是工厂的规模化生产，做出的产品对张力的控制精度不高，误差较大。我们这里提出了一种新型恒张力控制器，可以提高张力控制精度。

磁流变阻尼器是一种新型的、阻尼连续可调的控制元件。这种阻尼器的阻尼力在一定范围内由外部磁场快速连续可调，而且这种变化是瞬时可逆的，因此近年来对它的研究和应用开发比较重视。目前已有较为成熟的磁流变阻尼器产品应用于各工程领域，其中主要以直线往复式磁流变阻尼器为主。

二、作品照片

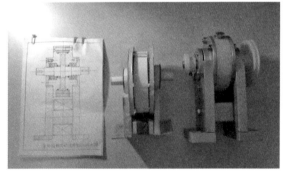

三、项目创新点

① 将磁流体阻尼力矩应用于绕线器张力的控制上，从而解决了张力控制误差大的问题。
② 提出了可调节张力的想法，使一个绕线张力控制器针对不同半径的导线能够提供不同张力。

项目名称：基于单片机的伏安特性曲线绘制仪

项目分类： 实物
完成时间： 2012 年
指导教师： 马庆龙
项目成员： 田涛涛　李越川　刘　璐　李　伟　于寒松

一、项目简介

通过电学元件的伏安特性曲线不仅可以轻松地了解电学元件的特征，而且还可以在不了解元件结构的情况下分析它的组成、结构和性能指标等。因此，绘制和分析元件的伏安特性曲线对设计电路、分析电学问题、测试电路指标等都有重要的意义。

在学校我们多采用描点法对伏安特性曲线进行绘制。描点法得出曲线所花的时间较长，且描绘样本点数有限，使所得图形的精确度不高。实验室里还可以利用模拟示波器来观察伏安特性曲线，但所作的曲线不能打印和保存，也不能精确地得到某一点电压所对应的电流值。数字示波器具有较强功能，但价格昂贵。

现今，国内外对各种元件的伏安特性曲线的研究都相对成熟，可是上市的伏安特性曲线测试仪往往根据所测元件的特性制定，复杂程度较高，虽然性能较好，但范围较窄，多数仅适用于专业测绘领域。此外，仪器不具有较好的普适性，并且体积庞大，费用较高。

STM32 是目前市场上性价比较高的单片机。在了解教学或科研常用器件的电压电流范围的前提下，可以利用它制作相应的伏安特性曲线绘制仪：利用单片机片内的 A/D 转换器得到电压电流的抽样值并储存起来，然后显示在一块液晶屏上，这样做不仅成本低、占用体积小、便于推广，而且绘制曲线用时少、精度高，具有描点法的诸多优点。基于以上若干优势，基于单片机的伏安特性曲线绘制仪可以被广泛应用于科研、教学及电子检测中。

二、作品照片

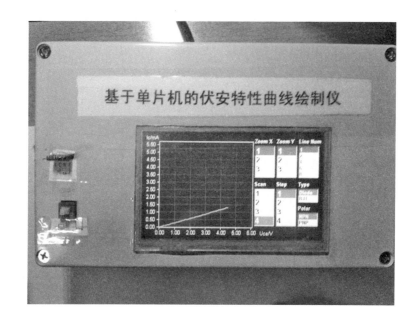

三、项目创新点

① 扫描信号的幅度可以选择，使得其测量的器件范围更广。

② STM32 单片机价格便宜、占用体积小，利于推广。

③ 所得数据可以显示在一块液晶屏上。

④ 适用于各种电阻、二极管及 PNP 型、NPN 型三极管。

⑤ 实现了描点法的优点，即对于所得电压值可以准确对应其电流值。

⑥ 利用单片机快速处理数据的能力实现了曲线的快速描绘。

⑦ 界面友好，便于操作。

⑧ 电压取样点多，精确度较高。

项目名称：基于视觉暂留原理的LED电子钟的设计

项目分类： 实物
完成时间： 2012 年
指导教师： 高海林
项目成员： 张天乐　郑晴晴　涂　洒　闫　金　王紫芙

一、项目简介

　　基于人眼的视觉暂留原理，可以通过分时刷新多个发光二极管来显示输出文字或图案等信息。当一排 LED 发光二极管摆动时，由于人眼的视觉暂留，会在发光二极管摆动区域产生一个视觉平面，在该平面内的二极管通过不同频率的刷新会在摆动区域内产生图像，从而实现在该视觉平面上显示文字或图案。输出信号频率的控制通过单片机来实现，并用传感器检测当前摆动状态。

　　如果将一排 LED 发光二极管匀速旋转，并使用传感器检测发光二极管阵列的旋转位置，则能够制作一个大尺寸的 LED 电子钟。在不改动硬件的情况下，通过修改程序，可以将 LED 电子钟变换为圆形的电子显示屏。本项目以单片机和传感器为核心，配合高精度授时型 GPS 模块可实现时间的自动校准，电子钟工作时无须人工干预。

二、作品照片

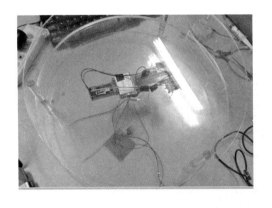

三、项目创新点

① 与使用 LED 点阵的大屏幕显示屏相比，制作成本很低。
② 使用红外传感器检测发光二极管阵列的旋转位置，做到实时和精确控制。
③ 可以制作较大尺寸的圆形电子显示屏。

项目名称：基于 RFID 的物联网物品定位系统

项目分类： 实物
完成时间： 2012 年
指导教师： 邵小桃
项目成员： 王梓睿　李佳伟　张金瑞　徐子睿　刘　昊

一、项目简介

位置感知正成为许多新型计算领域（如普适计算、移动计算等）的一个重要特征和追求目标，而作为提供基于位置服务的核心技术之一，研究移动对象的定位方法和技术也随之逐渐深入。

移动定位系统具有广泛的应用领域，在许多场景下有着巨大的应用需求。移动定位技术不仅可用于对物体的定位，如仓储货品管理、医院医疗设备管理、生产过程管理等，还可用于人员的定位，如煤矿井下人员定位，医院医生、病人定位，监狱犯人定位等。

RFID（radio frequency identification，无线射频识别）作为一种自动识别技术，近年来在识别、定位等方面得到了迅速发展和应用。RFID 利用无线射频方式进行非接触双向通信，以达到识别目标的目的，并实现非接触式自动数据交换。与光电原理的传统条形码不同，RFID 标签无须人工操作，而是使用无线频率通信进行自动识别、追踪和管理。

二、作品照片

三、项目创新点

① RFID 应用范围广泛，易于在功能上进行拓展，可通过对数据库的进一步完善来实现物品的智能化管理。

② 采用 RFID 技术实现室内小范围的精确定位，非常适合民用。

项目名称：RFID 标签安全认证及仿真平台研究

项目分类： 实物
完成时间： 2012 年
指导教师： 穆海冰
项目成员： 王阳阳　卢　宇　仇颂清

一、项目简介

物联网被称为是下一个万亿级的信息技术产业，涉及多学科，必将带来对专业人才的大量需求，有必要对学生进行相关专业知识和技术的培养。

RFID 标签是物联网的一种基本传感器。RFID 标签作为一种智能化设备，是网络中信息的接收者和分析者，但是它对信息源真伪的鉴别能力有限，需要新的认证协议支持智能化设备的认证。设计的认证协议需要考虑 RFID 标签的移动性和能力限制，利用节点本身的物理信息，基于门限加密算法和单向函数，设计轻量级的认证协议，适用于分布式的环境，可以抵御恶意节点的仿冒攻击。本项目先从理论上证明协议的安全性，进而建立仿真平台进行测试和协议的优化。

二、作品照片

三、项目创新点

① 轻量级的认证协议，适用于分布式的环境。

② 利用 RFID 标签等硬件设施建立物联网小环境，在其通信过程中应用设计的安全协议，结合软件仿真工具，进行程序开发，可以对协议的安全性及通信开销、计算开销等性能指标进行测试和评价。

项目名称：基于人数识别的智能化电梯停靠系统

项目分类： 实物
完成时间： 2012 年
指导教师： 周　航
项目成员： 杨雪莲　吕超玥　张凌波　张洪杨　胡　聃

一、项目简介

电梯是重要的交通工具，但由于电梯系统智能化设计上的欠缺，工作效率较低，导致乘客不能及时进入电梯，浪费时间资源，也加速了设备磨损和老化。比如一个楼层有 20 个人等候，有三个电梯可供选择，然而现实的情况却是哪怕三个电梯中只有一人乘坐，三个电梯只有一个电梯会在有 20 个人等候并按下按钮的楼层停留，其他两个电梯则通过且不停留。这样，一方面浪费了焦急等候的乘客的时间，造成暂时性的无谓拥挤，不利于公寓安全，另一方面电梯的来回无效运作使得"电老虎"更为凶猛。因此，可以设计一个电梯停靠的系统：在电梯外加装摄像头，识别等电梯的实时人数，从而进行自动分析，控制停电梯的数目，从而提高电梯的工作效率。

二、作品照片

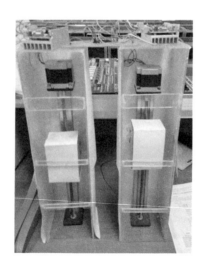

三、项目创新点

本项目应用了现在正逐步发展的图像识别技术，自主设计算法，并将其运用到电梯的控制上。根据对当前电梯等候和运载人数的识别来控制电梯停靠，极大地提高了电梯的工作效率，节省了时间，是一个可以广泛应用于实际、不增加大量投资的可行性方案。

项目名称：列车节能优化控制系统平台设计

项目分类： 实物
完成时间： 2012 年
指导教师： 戴胜华　李正交
项目成员： 薛昔朋　郭昊彤　高鹏飞　江　兵　何芊颖

一、项目简介

　　列车节能控制问题是一个最优控制问题。列车的牵引力和制动力是列车优化控制的输入变量，位移和速度是列车的状态变量，列车运动满足动力学方程，状态约束是线路限速和区间时间，优化目标为能量消耗最小。国外对此问题进行了大量的研究，取得了一系列的成果，并应用于区间时间优化和列车控制中，取得了显著的节能效果。国内学者也进行了相关的研究，但多采用局部优化的方法。

　　本项目主要研究列车节能控制问题，该问题不仅可节约能源、提高系统经济性，也能响应国家节能减排号召、树立高速客运系统绿色环保的形象。该设计平台在确保列车安全运行，满足线路限速约束、机车性能约束和运行时间约束的条件下，充分利用线路坡道，以能量消耗最小为控制目标，得到列车优化控制的方法。针对由于模型奇异性而使控制方法不能确定列车所有工况转换点的问题，结合列车操纵经验给出列车节能控制算法。最后，在列车运行仿真平台上验证优化控制方法与算法的正确性。

二、作品照片

三、项目创新点

① 完成整套节能优化硬件平台的搭建、调试和软件系统的设计。
② 对列车运行曲线进行设计并实现仿真。
③ 仿真系统对现实列车运行控制系统的改进和升级具有指导意义。

项目名称：三表无线自动集抄系统

项目分类： 实物
完成时间： 2012 年
指导教师： 付文秀
项目成员： 李羚俊　蒋诗慧　王腾腾　石　磊　李珠海

一、项目简介

随着城市化的发展，管理部门对电表、水表、燃气表实行集中抄表的要求越来越迫切。由于现在三表的抄收模式是由人员入户抄收，这样给表计管理部门和居民都带来了极大的不便。因此，对三表实行集中抄表是目前居民社区智能化管理的必然趋势。鉴于此，本项目提出了三表无线自动集抄系统。三表无线自动集抄系统由远传表计、抄表终端、数据集中器、系统管理中心等组成，远传表计是具备远传功能的电表、水表、燃气表，抄表终端可以对电表、水表、燃气表的数据进行采集、处理并按照设定进行控制，然后通过网络技术把数据传送给数据集中器，数据集中器再通过网络或手持抄表器等方式把数据传递到供电公司、自来水公司、燃气公司或社区物业管理部门的系统管理中心，从而实现对三表的集中抄收、核算，同时还可以实现对电费、水费、燃气费的远程催缴。除此之外，该系统还集成了天然气浓度检测和温度检测及报警系统，以保证居民安全。

二、作品照片

三、项目创新点

① 实现电表、水表、燃气表三表集抄。
② 采用 ZigBee 技术的无线传输网络，可以实现路由和中继，节省了传输成本。

③ 搭建数据库，保存数据，以便对用户信息进行查询及数据分析等。

④ 与物联网结合，实现网络管理，保证了系统的智能性，方便了用户。

⑤ 具有自我诊断的能力。智能表若发生了故障，可以自检出来，仪器本身还能协助诊断发生故障的根源。

⑥ 遇到险情可以自动报警。

项目名称：轨道交通事故再现与分析平台

项目分类： 实物
完成时间： 2013 年
指导教师： 戴胜华　李正交
项目成员： 赵增金　陈　国　孙心宇

一、项目简介

本项目通过搭建 CTCS-3 列车运行控制模拟系统，可以模拟各种轨道交通信号故障，从而复原各种由于信号故障而引起的轨道交通事故。同时，系统也可以根据实际需求模拟列车运行于 CTCS-2，自动完成在 CTCS-2 与 CTCS-3 之间的切换，具有高度的仿真性。

项目的控制平台主要分为两部分，即列车运行控制系统和列车故障分析平台，其中列车运行控制系统又包括列车运行控制平台、室外设备及车载设备。列车故障分析平台可以根据故障库按照真实事故或自主事故产生故障信息，模拟事故产生的过程，进而复原真实事故或模拟可能事故。列车运行控制系统可以模拟列车的正常运行，如 RBC 控制信息的执行与处理、调车进路等。

二、作品照片

三、项目创新点

以事故再现为切入点，通过软、硬件设计，复现轨道交通信号事故，对铁道通信信号专业的学生和铁路从业人员有一定的指导作用。

项目名称：多媒体无线手写笔

项目分类： 实物
完成时间： 2013 年
指导教师： 马庆龙
项目成员： 吴 可 杜隆生 吴 凯

一、项目简介

国内外现有的相关技术（如智投宝）已经取得了一定的研究成果，但是这些相关的产品使用起来比较麻烦，用户体验不是很好，需要的配套设备较多，并且价格十分昂贵。这些导致在产品普及方面受到了极大的限制，没能真正达到改善教学和演讲等目的。我们希望改变市场已有产品的核心技术，实现相似的基本功能，同时开发更多的高级功能，极大地降低成本和改善用户操作及体验感受，最终实现市场化。

二、作品照片

三、项目创新点

本项目旨在提高 PPT 教学质量和互动性，改善工作汇报时的直观性等，同时降低成本，提高用户的操作性和体验感，与现有的市场产品相比，有较强的竞争力。我们的创新在于：改变核心定位技术，精简相关配套设备；使用独立的内置陀螺仪和加速度计的传感器，对手持手写笔的用户动作进行记录分析，得出准确的路径和位置信息；配合蓝牙适配器将手写笔的各项信息发送到计算机，通过计算机对数据进行分析处理，以达到预期的目的。

项目名称：壁虎式爬行机器人

项目分类： 实物
完成时间： 2013 年
指导教师： 邵小桃
项目成员： 汪广超　闻　健　周孙杰

一、项目简介

项目想法来源：壁虎能够在光滑竖直的墙面上自如行走，脚掌通过外翻和内收完成与墙面的脱离和黏附。通过模仿壁虎的灵活运动和黏附方式，研制一种壁虎爬行机器人，顾名思义，就是像壁虎那样在墙面等处爬行的机器人。

设计思路：设计上，根据壁虎脚掌的外翻和内收特点，设计并研制了具有柔性的仿壁虎柔性脚掌。该机器人体形小巧，可以完成多种高空作业、死角作业。该机器人需要利用通信控制技术。

功能特点：设计上该机器人具有良好的可操控性，易于控制，同时可以利用该种类型的机器人完成生产或者实践中的简单任务。可以预测，该种类型的机器人将会有很高的实用价值。

二、作品照片

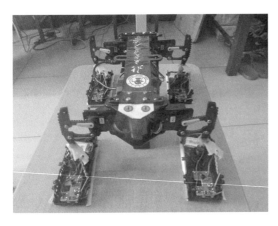

三、项目创新点

① 全新机械结构设计。
② 创新式吸附方案。
③ 红外远程操控，独立供电系统。
④ 通过对步态程序的设计与改善，大大提高了机器人的工作状态与效率。

项目名称：泊车助手

项目分类： 实物
完成时间： 2013 年
指导教师： 李赵红　马庆龙
项目成员： 王婧雪　刘子群　陈淑菁

一、项目简介

　　因司机无法准确获知车后的路况，开车倒入停车位时，司机总会感到诸多不便。本项目研究出一套半自动的泊车提示系统，实时地为司机提供车后的路况信息，以帮助司机轻松地完成入位停车。此系统通过在车身上安装摄像头，采集司机视野盲区的图像信息，将其发送至一个信息处理设备并把摄像头的原画面显示给司机；司机自行从显示的图像上指定停车区域，之后此设备将生成停车区域与车位的俯视模拟图，同时计算出最佳路线显示在俯视图上（除此之外，还有方向盘旋转方向和角度等信息通过文字和语音的方式提供给司机）。司机开动汽车，系统将根据汽车的位置实时地调整最佳路线，同时汽车最新的位置信息也会显示在俯视模拟图上。另外，系统还将搭载超声测距装置，当在停车过程中遇到不明障碍时，会通过语音信息及时告知司机。

二、作品照片

三、项目创新点

　　目前的智能停车系统，主要是通过超声波测距技术对入库线路进行规划，帮助司机停车。而这必须有一个前提：停车位旁边的车位上必须有其他停着的车，这样才能用这个车作参照来控制路线。而本项目以图像采集为核心，选择和捕捉停车位，确立与汽车的位置关系，给出最合适的停入路线，为司机带来帮助。

北京交通大学

项目名称：便携式可定制路由器

项目分类： 实物
完成时间： 2013 年
指导教师： 宋 飞
项目成员： 刘亚玮　王子腾　周　兴

一、项目简介

便携式可定制无线路由器是针对目前传统家用路由器所做的进一步设计和开发。

传统家用型路由设备一般具有配置简单、信号稳定等特点，通过 ADSL、光纤连入互联网，为用户提供有线（802.3）或无线（802.11）的接入方式。然而随着电信业的发展，未来互联网的接入方式将会越来越多，如何让路由设备支持多种接入方式是亟须考虑的问题。同时生活节奏的加快，也使得人们对路由设备的要求逐步提高，小型便携式路由设备的设计与开发便成为研究热点。

便携式无线路由器的设计、开发，将使台式机、笔记本电脑和智能终端均可通过有线或无线的方式访问无线路由设备。该路由设备应具有私有地址自动分配、端口映射、无线接入点扩展等功能。

二、作品照片

三、项目创新点

① 携带方便。通过设计合理的原理图及制版图，减小设备的体积和质量。
② 定制方便。只写入用户定制的网络功能，提高资源利用率，可快速升级。
③ 配置简便。可通过有线或无线方式进行配置，人机交互界面友好。

项目名称：低洼路面积水实时监测预警系统

项目分类： 实物
完成时间： 2013 年
指导教师： 陈后金　陈　新
项目成员： 张笑菲　刘　昱　杨　欢

一、项目简介

　　在北京"7·21"特大暴雨灾害中，上百名驾驶员因为驶入积水较深区域而身陷险境。我们分析了低洼路面积水实时监控预警系统的国内外技术现状，讨论了低洼路面积水实时监控预警系统实现的各种主流方法，并提出了目前低洼路面积水实时监控预警排水系统存在的关键技术问题和今后的技术发展趋势，为该领域的研究指明了方向。

　　项目原理：通过传感器采集信号，首先判断路面上方压力来源，即是否积水，确定为积水后，利用压力传感器判断积水深度。之后利用无线技术传输信号，在控制端对信号进行抽样等处理，根据不同路面的实际情况设置不同的阈值，利用处理过的信号判断是否需要发出预警。预警内容包括距离和积水深度。预警发出后，可在一定距离外设置拦截装置，并对路面结构进行调整，加强排水能力。

二、作品照片

三、项目创新点

　　① 采用数字压力传感器及精度较高的湿度传感器，减小误判率。

　　② 通过设置合理的节点阈值，不但可以对过往行人及车辆提供预警，必要时可以进行拦截，以减小损失。

　　③ 通过改进道路两旁的排水装置，能够在城市整体排水系统能力有限的情况下，先将积水储存一部分，降低排水压力，尽快解决路面积水问题。

　　④ 变接触式传感器为非接触式传感器，不仅能发出预警，还可以在必要的情况下自动进行拦截，通过改变路面结构等方式加强排水力度。

项目名称：多种有毒气体检测及排除系统

项目分类： 实物
完成时间： 2013 年
指导教师： 钱满义
项目成员： 周畅祎　胡　宇　张晨旗

一、项目简介

在城市地下管道维护中，时有施工人员在进入城市地下管道施工时，因吸入硫化氢等有害气体而引起死亡的案例。原因是地下管道潮湿，厌氧菌长期作用，产生大量甲烷、硫化氢、一氧化碳、氨气等气体。

本项目是制作一套综合毒气检测与排除设备，利用多种气体传感器对气体进行检测，测量出各种气体的浓度。当某种有毒气体超出国家标准时将发出警报，并启动自动吸气系统，将地下管道中的有毒气体吸收，同时使管道中的气体流动。

毒气探测部分采用气体传感器，传感器将毒气信号变为电信号传输到单片机中，由单片机进行报警判断，并在液晶屏上显示相关参数，同时以声、光、电三种形式进行报警。当检测到毒气时，单片机自动启动吸气系统，将管道中的有毒气体吸收排除。

此检测设备可广泛应用于日常工作监测、密闭空间进入检测、煤矿安全检测、环保应急事故处理等。

二、成员合照和作品照片

三、项目创新点

① 毒气探测部分采用气体传感器，传感器将毒气信号变为电信号传输到单片机中，由单片机进行报警判断，并在液晶屏上显示相关参数。

② 以声、光、电三种形式进行报警。

③ 当检测到有毒气体时，单片机自动启动吸气系统，将管道中的有毒气体吸收。

项目名称：基于 DSP、3G 技术的自动无线水位监控系统设计与实现

项目分类： 实物
完成时间： 2013 年
指导教师： 李润梅
项目成员： 黄嘉元　刘佳鑫　达　山

一、项目简介

水位监测有它特定的应用背景，一般都在比较偏僻的区域，这使得很难通过架设有线设备来完成数据传输。在这种情况下，使用无线通信是一种很好的选择。

本项目拟利用自动化领域较为成熟的传感器技术集成其他供电、通信等功能设计一套具有较强适用性的水位监测系统，能够实现水位的自动检测、数据分析及实时报警、数据上传等功能。具体包括：利用传感器技术实现水位的自动监测及实时报警；利用 DSP 技术实现数据的处理；利用 3G 无线通信技术实现信息的实时上传。

二、成员合照和作品照片

 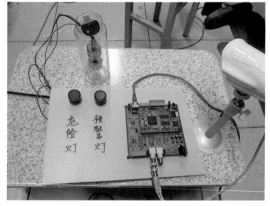

三、项目创新点

① 能够实现水位的自动检测、数据分析及实时报警、数据上传等功能。
② 利用数据库进行管理，方便后期维护和二次开发。

项目名称：基于车联网的油动大脚车的 定速巡航系统设计

项目分类： 实物
完成时间： 2013 年
指导教师： 霍 炎
项目成员： 姜家立　黄志臻　祝伟康

一、项目简介

本项目将定速巡航系统应用于油动大脚车，并与车联网结合。一方面可以基于车联网平台实时采集路况信息，使车辆可以根据路况信息及时调整行驶状态；另一方面将定速巡航系统应用于油动大脚车，侧重于对油动大脚车进行硬件改装，如添加速度传感器等，通过一些反馈机制实现车辆在无人驾驶情况下的定速行驶，最终完成对车辆行驶状态的精确控制。

二、成员合照和作品照片

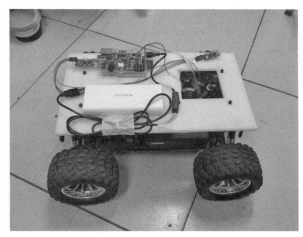

三、项目创新点

本项目在基本应用的基础上引入了对车辆行驶信息进行监测的平台，通过无线收发模块将车辆的行驶信息及时反馈给用户，用户可以通过终端平台直接监测车辆的速度和加速度，实现人车交互。

油动大脚车一般采用枪控型遥控器进行控制，无法提供精确的定速信息。本项目引

入了基于智能手机的遥控装置，用户可以输入指令信息对车辆的速度和加速度进行控制。

现有定速巡航系统智能性较差，当发生紧急状况时无法及时对车辆进行控制。本项目设计的基于车联网平台的定速巡航系统，能够提供前方的路况信息，从而弥补了现有定速巡航系统的缺陷，具有现实意义。

项目名称：基于单片机的节水智能浇花器

项目分类： 实物
完成时间： 2013 年
指导教师： 张金宝
项目成员： 孙若淇　赵梦瑶　潘俊俊

一、项目简介

本项目的研究目的是制作出以单片机为核心，由 DS1302 时钟芯片、红外检测器、温度传感器、湿度传感器、光电传感器和太阳能电池板，以及相关的外围电路与器件组成的智能节水浇花器。该浇花器可以实现定时定量浇水或者根据实时的温湿度及光照强度浇水，并且可以根据不同的季节与花木习性选择不同的浇灌方式（滴灌、喷淋等）、浇灌时间及阈值温湿度。

本项目设计的浇花器采用太阳能电池板为电路供电，采用流量计定量浇水，这样在节约人力的同时也大大节省了资源。同时对成品的程序与器材稍加修改，还可以用作智能照明开关、智能鱼缸添水器、智能温湿度控制器等，提高了生活的自动化程度。

二、作品照片

 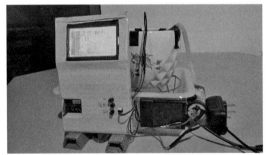

三、项目创新点

① 既可以通过检测温湿度及光强进行自动浇水，也可以通过人工设定浇水时间与水量进行手动浇水。对于不同的花卉品种、不同的季节，可以通过键盘手动设定浇水时间与浇水量。

② 利用太阳能为电路提供电能，达到了节能环保的目的。

③ 在自动浇水环节，对湿度、温度及光强进行同步检测，设定多重标准进行浇水，防止在光强过强时浇水。

④ 可以根据季节与花卉习性采用滴灌和喷洒两种方式。在自动浇花时，采用滴灌式；在手动浇花时，采用喷洒式。

项目名称：基于互动投影的文档处理系统

项目分类： 实物
完成时间： 2013 年
指导教师： 赵帅锋　李　鹏
项目成员： 刘元鸿　赵鹏飞　李　宁

一、项目简介

在生活中，文档的使用与修改经常用到，但在有些情况下计算机等的携带并不方便，这时候如何及时并可视化地对文档进行处理就显得尤为重要。此外，投影仪的使用十分广泛，尤其是近些年来，基于投影仪的互动投影系统更是让我们的生活产生了不可思议的变化。这使我们萌生了一个想法：将互动投影系统装载于便携式设备上，从而进行相应的文档处理。

本项目旨在开发一款便携式的文档存储、展示与处理设备，它可以存储并识别 U 盘或其他移动设备中的文档，并将其通过自带投影仪投影出来，然后在投影面上以手指或智能笔书写的方式对文档进行修改，通过摄像头识别信息并将其保存，实时反映在投影屏幕上。具体功能如下：把设备内存储的文档以投影的方式向用户展现出来；可以用手或笔在投射平面上对文档进行创建、编辑、存储等操作；该设备拥有 WiFi（或者蓝牙）模块，可以接收或者发送文档；拥有一些针对文档处理的小工具，如计算器、字典等。

二、作品照片

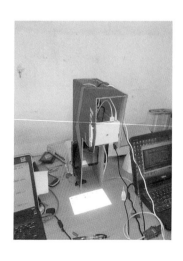

三、项目创新点

① 产品体积小，便于携带，耗能小。

② 处理能力强，可以如纸质一般用笔写字、做标记。

③ 操作界面由投影仪直接投出，可用手势操作，方便快捷，而且有效地利用了空间。

④ 减少了纸质的使用，有利于资料的保存、环境的保护、资源的节约。

项目名称：基于交通标志检测的驾驶员辅助系统

项目分类： 实物
完成时间： 2013 年
指导教师： 郝晓莉　侯亚丽
项目成员： 王育琦　姜霁琛　蔺　鸿

一、项目简介

近年来，国内外研究人员对交通标志的自动检测做了许多重要的研究，其中大多数都是着重于算法的开发。例如基于颜色分割的算法和基于形状分割的算法，这些算法很大程度上提高了交通标志自动检测的正确率和实时性，而不同的算法所能达到的交通标志识别程度不同。本项目拟开发一个驾驶员辅助系统，在提高算法有效性的基础上，利用图像处理技术和计算机软件，通过对交通标志的形状、颜色等多种特征进行分类和分析，自动检测道路场景中的交通标志，实现在多种天气、光照、角度、位置、背景等情景下都能有效地识别道路上的交通标志，并通过语音警报提醒驾驶员，从而实现安全驾驶。

本项目的主要内容如下。

① 交通标志检测。对车载摄像机获取的各种自然场景下的交通标志图像进行颜色分割和形状分类，然后通过 Matlab 进行剖析，提取交通标志候选区域。

② 特征提取。提取检测到的交通标志候选区域的特征。

③ 分类。利用提取的特征，用各种比较方法对特征进行比较，然后进行识别和确认，最终得到交通标志候选区域的类别。

④ 反馈。将得出的交通标志信息反馈给驾驶员，提醒其注意路面交通标志情况。

二、作品照片

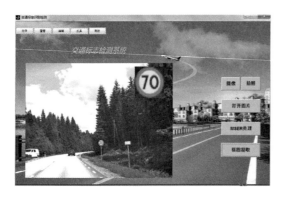
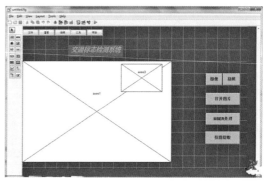

三、项目创新点

通过对交通标志的检测和判别，建立一个驾驶员辅助系统，并在以往研究的基础上，将影像载入、分析检测、提示警报融为一体并将分析结果通过界面显示和语音播报两种方式反馈给驾驶员。

项目名称：基于交通标志识别技术的驾驶员辅助系统

项目分类： 实物
完成时间： 2013 年
指导教师： 袁　雪　郝晓莉
项目成员： 梁　桥　陈斯滕　刘思莹

一、项目简介

本项目的目标是完成驾驶员辅助系统中交通标志识别的研发工作。通过拍摄的反映实际道路交通的视频图像，自动检测交通标志的位置，对交通标志的内容进行识别，并把识别结果反馈给驾驶员。

交通标志检测与识别是指在输入的图像或视频中确定所有交通标志的位置与种类。系统的输入是可能含有交通标志的图像或视频，输出是图像或视频中是否存在交通标志及其位置、种类等信息。实用化的交通标志检测与识别系统是在车载状态下实时进行的，研究中经常采用静止图片进行测试。在车载交通标志检测与识别系统中，通过安装在车辆上的摄像机获取车外的交通信息，将获取的视频输入车内的计算机系统进行处理，通过采用目标检测和识别等智能方法解决交通标志识别问题，最终和其他车载信息融合交由车载中的控制系统反馈给驾驶员，达到辅助驾驶的目的。该系统包括视频采集模块和处理模块两个部分。

二、作品照片

三、项目创新点

① 融合交通标志的全局与局部特征向量，提高交通标志的识别精度。
② 利用 Matlab 的向量化操作，提高系统的识别速度，实现系统实时、有效的识别。

项目名称：基于宽带天线的实时频谱分析

项目分类： 实物
完成时间： 2013 年
指导教师： 赵友平
项目成员： 王敏超　赵永洪　时　乐

一、项目简介

无线通信在经历了一百多年的发展，尤其是近二三十年来的快速发展之后，出现了一些日益突出的问题，认知无线电技术为解决频谱资源短缺问题提供了全新的思路。认知无线电是一种能感知所在工作环境并能自主动态地调整、优化各种工作参数的智能无线通信系统，具有广阔的应用前景。其应用之一是动态频谱共享。

本项目一方面设计了一种基于无线环境图的认知无线电系统，以进行系统级的性能仿真，另一方面我们利用集成电路技术、MEMS 技术、片上系统设计方法，尝试研制一种支持基于 OFDM 动态频谱接入的认知无线电专用芯片。本项目为解决我国通信与微电子技术领域面临的突出问题（如频谱日益紧张、通信设备芯片严重依赖进口）奠定了基础，具有显著的学术意义和现实意义。

二、作品照片

三、项目创新点

① 宽带认知无线电的集成化设计。本项目实现了支持动态频谱接入的宽带认知无线电系统的设计（尤其是基于 MEMS 技术的射频前端设计，为实现宽带认知无线电设备的小型化、集成化奠定了基础）。

② 基于无线环境图的认知无线电实现方法。无线环境图是集成的无线通信环境信息系统，初步研究证明该方法可以大大降低认知无线电的实现成本。

③ 跨学科设计与优化思想。从微电子、MEMS、射频前端到宽带认知无线通信系统，涉及交叉学科的最新技术，并灵活地应用了人工智能技术。

项目名称：脉搏采集与辅助诊断系统

项目分类： 实物
完成时间： 2013 年
指导教师： 李居朋
项目成员： 冯 如 杨春梅 王昕宇

一、项目简介

脉搏是反映人体循环系统的重要生理参数，对脉搏波进行准确测量，在临床上具有非常重要的意义。传统的诊脉法虽然简单，但由于其主要依赖于测试者的主观判断，测量过程受人为因素及外界干扰影响较大。脉搏数据采集系统由于具有易于操作、测量准确等特点，有取代传统诊脉方法的趋势。本项目拟开发一套一体化的便携式多功能生理信息测量仪器，它可借助系统资源实现脉搏信号的传输、监测与存储，为实现互联网与中医诊断仪器——脉象仪——相结合的中医远程医疗提供研究基础。

二、作品照片

 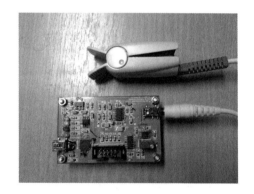

三、项目创新点

从脉搏波中提取人体的生理病理信息作为临床诊断和治疗的依据，历来都受到中外医学界的重视。脉搏波所呈现出的形态（波形）、强度（波幅）、速率（波速）和节律（周期）等方面的综合信息，在很大程度上反映了人体心血管系统中的许多生理病理特征。将人体脉搏波转化为电信号进行测量和分析，使中医的脉象有了一个客观的分辨标准，有助于揭开脉诊的现代科学本质，为预防和治疗疾病提供参考。

项目名称：铁轨探伤检测系统

项目分类： 实物
完成时间： 2013 年
指导教师： 郝晓莉　袁雪
项目成员： 曹越池　田沛汶　李天龙

一、项目简介

近十年来轨道交通在全国快速发展，城市轨道交通、重载货运列车和高速客运专线三方面取得了巨大突破。同时轨道交通的巨大运力也是国民经济快速发展的保障。但在过去的2011 年，轨道交通安全举国瞩目，温州动车事故触目惊心。关注安全，重视保障安全相关技术的研发已经刻不容缓。目前钢轨对高铁的影响还未显现，但随着钢轨服役时间的增加，安全压力将凸显。

钢轨表面缺陷自动检测是指在列车正常运营的同时进行在线车载式钢轨探伤，最大可能地发现断轨和潜在断轨，给出安全报警，并将信息发送到铁路安全检测中心，然后由维护部门人工复核检测并根据情况抢修。本项目拟开发一个钢轨表面损伤探测系统，自动检测钢轨上的缺陷（如鱼鳞纹、三角坑、裂缝），通过计算机将缺陷的信息显示出来，并通过语音进行报警提示。

二、作品照片

三、项目创新点

① 采用边缘检测、阈值分割、特征值提取、BP 神经网络等对钢轨图像进行处理。
② 自动检测钢轨上常见的缺陷。

项目名称：智能感应多控开关系统

项目分类： 实物
完成时间： 2013 年
指导教师： 董　平
项目成员： 羊　威　耿云杰　马惠芳

一、项目简介

本项目是基于无线通信技术、能量收集技术、传感器技术、嵌入式操作系统技术、低功耗技术等，实现信息采集（温湿度、光强、二氧化碳、烟雾）、远程控制（空调、灯光、排风扇、报警器）等功能的智能网络系统。

本项目的主要内容有：空调控制和显示功能；Web 演示界面优化；建立动态拓扑图及相应数据库；网络稳定性测试。

二、作品照片

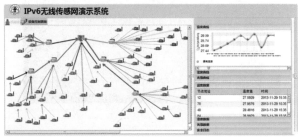

三、项目创新点

① Web 演示界面优化。
② 建立了动态拓扑图及相应数据库。

项目名称：不锈钢盘子计数设备

项目分类： 实物
完成时间： 2013 年
指导教师： 陈 新
项目成员： 刘 力 杜 渺

一、项目简介

本项目旨在解决工业生产中的实际问题，技术上采用数字图像处理的方法，与其他数据采集方案相比，采集到的数据更全面，处理结果更加准确，而且纠错简单。最主要的一点是操作性强，操作步骤少，易于上手，目前应用在不锈钢产品数量统计中。经调查，目前市场上还没有采用同样技术的产品，而一些其他的实现方法都存在操作性复杂、稳定性差等问题。

二、作品照片

三、项目创新点

① 每次至少能对 100 个以上的产品进行计数。

② 可以对直径 16 mm 以上的不锈钢产品进行计数。

③ 能够解决工业生产中的问题，能够取代大量重复性的劳动，能够提升工业生产的效率及规范性。

项目名称：自动节能热水器开关

项目分类： 实物
完成时间： 2013 年
指导教师： 路　勇
项目成员： 黄　斌　李俊生

一、项目简介

本项目设计的自动断电开关可以在加热一定时间后自动给热水器断电，而且可以在合适的时间自动让热水器加热或者是通过开关对热水器进行远程控制。本项目可以解决以下几种问题。情景 1：在宿舍，耗电量最多的电器无疑是电热水器，所以同学们为了节约用电，一般都会在洗澡之前才把热水器开关打开，等水加热到合适的温度后，再把热水器开关关掉。可是，有些粗心的同学经常把热水器开关打开，洗完澡后却忘关了，于是热水烧多了，一天之后，剩余的热水冷却，白白浪费了很多电。情景 2：有时出去办事，希望回来时能洗个热水澡，于是出门之前会打开热水器开关，这样又多烧了热水。情景 3：一般来说，同学们会在一天的某个固定时间段需要热水，可是在需要用热水的时候却发现没热水可用。情景 4：同学们在外面，觉得今天晚上需要洗个澡，但不知道热水器是否打开，若热水器没有开，十一点断电后就不能烧水了。

自动开关通过空气闸门间接地控制热水器，而控制空气闸门只需要拨动一个小拨片，需要的能量很少，所以自动开关所需的功率很低，因此可以实现电池供电。另外，单片机按照要求定时给控制部分发出指令，以控制热水器开关。远程控制部分可以通过电话线或 WiFi 实现。

二、作品照片

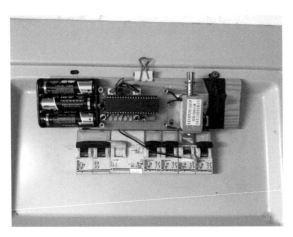

三、项目创新点

① 体积小巧，便于安装。

② 有独立供电的电池，不受插座位置的限制。

③ 简化操作，易于使用。

④ 无须改装电路。

⑤ 与家用电器隔离，更加安全。

项目名称：基于脉冲电场对记忆合金形态影响的便携式盲文显示器

项目分类： 实物
完成时间： 2013 年
指导教师： 陈后金　陈　新
项目成员： 游启麟　王天奇　任　和

一、项目简介

　　调查数据显示，我国已有超过 1 700 万的视障人士，其中有近 700 万为全盲的人。这个庞大的群体需要社会给予特殊的关注，使他们也能像正常人一样读书、学习，参与社会生活。而在盲人的正常生活中，盲文书籍品种稀少，远远不能满足盲人群体的需求。盲文书籍的印刷需要特殊的工艺处理，制作过程烦琐。而且书籍的体积很大，从而使盲文书籍的定价很高。一本售价在 20 元左右的图书，若制成盲人用书价格高达几百元。

　　随着科学技术的发展，基于盲文点显方案的阅读方式为这类特殊群体带来了希望。目前市面上已经有了盲文相关设备，包括盲文点显器、盲文读屏软件、盲文计算机等。但由于技术上的限制，部分盲文产品只有语音播读功能，而盲文的触摸辨别在盲文的教学、普及文化知识过程中起到了不可替代的作用。目前市场上的盲文点显设备由于价格太高，无法在盲人群体中普及。因此，将先进的技术投入到盲人设备的研发中不仅具有一定的市场价值，而且是社会价值的体现。

二、作品照片

三、项目创新点

① 基于合金材料的设计方案。整个盲文点显器利用合金材料的特性，通过特定元件和连接结构的设计实现盲文点阵凹凸变化。此方案降低了单点成本，从而使盲文点显器的整体成本大大降低。

② 弹簧结构。特殊合金设计成弹簧形状加以运用，保证了材料的寿命，在合金材料"cooling"状态下两个稳态弹簧同时作用，能使凸起的点保持住，而不会因人为的压迫而产生下降。整个点阵零部件的设计和凹凸方案的设计，使单盲文点上、下两个方向稳定运动，也能使各点的运动相互独立而不受影响。

③ 凸起高度可控。在整个控制算法的设计中，考虑到不同盲人用户对盲文点凸起高度的不同喜好，设计了不同参数的几套控制程序，以此实现整个盲文点显控制方案的人性化。

④ 便携。该设备可以作为手机、计算机或者其他设备的扩展设备，结合 APP 的应用使得盲人的交流方式变得多样。

项目名称：基于人体电阻抗测量的健康监测仪

项目分类： 实物
完成时间： 2013 年
指导教师： 杨 恒
项目成员： 罗贵阳 李 聪 张 慧

一、项目简介

生物电阻抗测量技术是一种利用生物组织与器官的电特性及其变化规律提取与人体生理、病理状况相关的生物医学信息的检测技术。它具有无创、无害、廉价、操作简单和信息丰富等特点。

人体电阻抗是人体重要的物理特性之一，通过对人体电阻抗进行测量，同时综合被测人群的年龄、性别、体形、体重等参数进行进一步的统计、分析，进而对人体的健康状况作出评估，并指出被测者可能存在的健康问题。

本项目通过生物电阻抗测量系统测量人体相应的阻抗，然后采用相应的算法分析脂肪率，并与标准的数据作比较，最后给出人体的健康报告。同时，可以建立一个人的身体各项指标数据库，绘制成相应的曲线或者饼图，并给出某一段时间各项身体指标的变化趋势，以便关注身体健康。

二、作品照片

三、项目创新点

① 突破传统的抽血等对身体有害的检测方法，使对身体健康的检测更安全。
② 操作界面友好，几十秒之内直接给出身体健康报告，同时能给出健康建议等。
③ 应用广泛，可以用于医院辅助诊断，也可以用于家庭保健。

项目名称：基于神经网络的自主机器人学习系统

项目分类： 实物
完成时间： 2013 年
指导教师： 戴胜华　李正交
项目成员： 周彦钊　苏　毅　兴　妍

一、项目简介

对于一个智能机器人来说，需要多种不同的参数在不同的方面来控制其行为。为了让机器人精确地实现设定动作，参数调节是其中重要的一环。但对于一个功能复杂的机器人，它的运行所涉及的参数个数是非常多的，而且很多时候各个参数之间还会相互影响，这个时候人工调节的工作量就会极其庞大。

所以，为了完善智能机器人的参数调节过程，本项目设计了一个基于神经网络的智能机器人自主学习系统。此系统能够根据当前机器人执行量和预期执行量的误差自动调节相关参数，并且多次训练之后系统能够根据训练过程的数据反馈，选择最优的一组参数作为最终的参数。整个过程无须人工干预，能够减少重复的程序化参数调节过程，提高设计效率。

二、作品照片

三、项目创新点

本项目的创新之处在于目前全国乃至国际上都没有同类系统，此系统的搭建不仅为电脑鼠的自动训练提供了便捷高效的渠道，也为其他学科的研究注入了新的思想。这套系统是通用的，稍加修改便可应用于商业、教育、国防等领域，具有很高的应用价值。

项目名称：节能彩色 LED 大屏幕

项目分类： 实物
完成时间： 2013 年
指导教师： 陈　新
项目成员： 严雯卿　陶竞虹　仲唯舟

一、项目简介

LED 显示屏应用在我们生活中的各个领域，如金融机构、企事业单位、政府机关、机场、车站、港口、医院、宾馆、商场、体育馆、社区等，它在给我们带来视觉上的享受和经济效益的同时，无形之中也在消耗着大量电能。为了积极响应国家节能减排政策，深入贯彻落实科学发展观，坚持"绿色环保"和"低碳生活"的理念，LED 显示屏的节能技术显得日益重要。

LED 之所以受到广泛重视且得到迅速发展，是与它本身所具有的优点分不开的。这些优点概括起来是：亮度高、工作电压低、功耗小、小型化、寿命长、耐冲击和性能稳定。LED 的发展前景极为广阔，目前正朝着更高亮度、更高的发光密度、更高的发光均匀性、可靠性、全色化方向发展。基于这种情况，我们对单色 LED 显示屏进行改进，使其功耗更小、色彩更多。

虽然 LED 大屏幕在整体上尚能满足市场应用的基本要求，但从控制系统的设计、实施到 LED 大屏幕的生产、组装和显示效果等方面来看，仍然存在很多需要改进之处。

二、作品照片

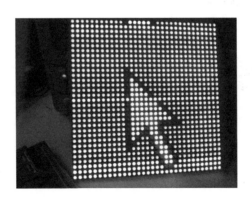

三、项目创新点

① 将双通道 LED 改为单通道 LED，并自行寻找材料、原件厂家，组装整个 LED 显示系统。

② 加入光控模块，根据外界光线实时调整 LED 亮度，从而达到降低功耗的目的。

项目名称：轨道交通综合自动化系统演示平台设计

项目分类： 实物
完成时间： 2013 年
指导教师： 戴胜华　李正交
项目成员： 王亚君　朱桐立　敬　翔

一、项目简介

轨道交通是以人员运输为根本目的的多系统的综合体，其自动化涉及乘客信息向导系统、自动售检票系统、环境与设备监控系统、信号系统、通信系统、供电系统、机电系统、火灾自动报警系统、屏蔽门系统等。要想达到提高列车运行速度同时保证安全运行的目的，必须采用有效的技术手段。

本项目旨在将这些系统充分整合，实现信号系统与综合监控系统的信息共享，完成信号系统、供电系统、环境与机电设备监控系统间的联动，形成以行车指挥为核心的轨道交通综合自动化系统。

二、作品照片

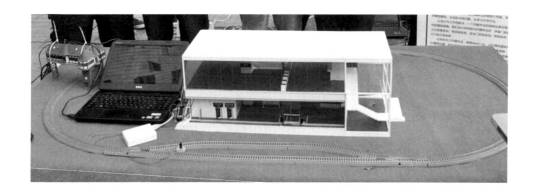

三、项目创新点

在兼顾行车安全、高效的前提下，针对不同应急场景，设计并实现全线设备的时刻表、多系统联动等逻辑控制功能，实现事件处理的安全、高效。

项目名称：基于 VC++的多功能数字
图像处理教学系统

项目分类： 实物
完成时间： 2013 年
指导教师： 侯建军
项目成员： 李 帆 段 晨 林 恒

一、项目简介

　　本项目主要由硬件、软件两部分组成。硬件部分采用了基于 ARM11 内核的 S3C6410 开发板，并在其中植入了 WinCE 6.0 嵌入式操作系统，还有 LCD 触摸屏及摄像头模块。软件部分则根据数字图像处理的知识和算法，利用 VC++编写了功能完善的人脸识别系统，效果优于原先拟采用的 Matlab 程序，同时还扩展了其他 8 种主流的图像识别系统，并在嵌入式硬件设备上移植运行。

二、作品照片

三、项目创新点

　　① 硬件采用 ARM11 内核及三星公司的 S3C6410，同时在其中植入功能强大的嵌入式操作系统 WinCE 6.0。

　　② 软件部分采用数字图像处理的经典算法，并通过自我创新与完善，利用 VC++编写了相应的软件程序并通过测试，同时附加了多种相关的数字图像处理功能，使装置不再局限于人脸识别系统，而是一种多功能的数字图像处理系统。

项目名称：基于 RFID 的车辆防碰撞系统的研究与设计

项目分类： 实物
完成时间： 2013 年
指导教师： 霍 炎
项目成员： 余越崎 樊坦容 汪 媛

一、项目简介

据世界卫生组织统计，全世界每年有 120 多万人死于交通事故，因交通事故导致的受伤人数约为 5 000 万；交通事故造成的社会经济损失占国民生产总值的 1%～2%。迄今，全世界交通事故造成的死亡人数远远超过了两次世界大战中的罹难人数，故又被称为"无休止的战争"。交通事故已成为全世界非正常伤亡的重要因素之一。2008 年至 2011 年，我国发生的交通事故中，追尾事故占到了交通事故总量的 28%，是交通事故中最频繁发生的事故。同时经过分析还发现，在众多事故中，高速公路事故造成人员死亡的案例占总案例的 50%。

车辆的碰撞是引起事故的主要原因。从根本上来讲，如果能较为准确地获知两车距离，且自动进行速度调控，那么就能避免车祸的发生。我们设计的这套交通监控系统，采用 RFID 获知每辆车的具体位置，并强制车辆保持一个安全的间距。

本项目将 RFID 标签安装在公路上，同时在车辆上加装 RFID 读卡器，车辆行驶在公路上时实时读写 RFID 标签中的一些信息，并传给基站，再由基站集中传回给中央处理器（上位机），给上位机设定算法，检测每辆车的运行状态及位置，同时在上位机的交通地图界面显示出每辆车的位置。

二、作品照片

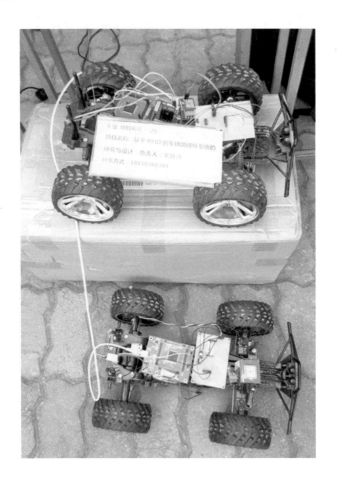

三、项目创新点

① 采用 RFID 定位。目前主流的定位服务均采用 GPS，但 GPS 造价高昂，基础设施维护成本高，调用资源过大，对于交通系统的监控效果不佳。而采用 RFID 定位，成本低，客户终端（读卡器）也很便宜，便于普及，而且按照 5 m 铺设一张卡的设想，采用 RFID 进行路面定位远比 GPS 精确。

② 目前除了本项目研究的 RFID 测距防追尾外，另外应用在防追尾系统中的主要测距方式还有两种：一种是雷达测距方式，另一种是视频处理测距方式。RFID 防追尾方式相对这两种方式有很大优势。

项目名称：基于动态疏散标识的城市轨道交通应急疏散系统

项目分类： 软件
完成时间： 2013 年
指导教师： 孙绪彬
项目成员： 贺瑶函　张佳玉　张小维

一、项目简介

作为现代化城市交通工具，地铁具有运载量大、无污染等特点。但是由于地铁建筑结构复杂、封闭性强、人员高度密集，倘若发生事故灾害，应急救援极为困难，易造成人员伤亡和经济损失。如果受灾人员在发生灾害时能得到有效疏散，则能极大地降低灾害损失。目前，疏散指示标识均为固定，而地铁内可行的疏散路径却是动态变化的，因此如何有效地引入动态指示标识、通过计算研究乘客在突发情况下快速疏散的方案是本项目的主要内容。本项目完成的工作主要有：分析地铁站地下空间客流情况；分析地下空间物理分布，通过采集的数据构建地铁枢纽车站模型；基于调研数据对典型突发场景疏散过程进行模拟；在疏散模拟中，根据乘客空间分布、有效路径信息实时改变动态标识指示方向，引导乘客按照最优的路径疏散。

二、作品照片

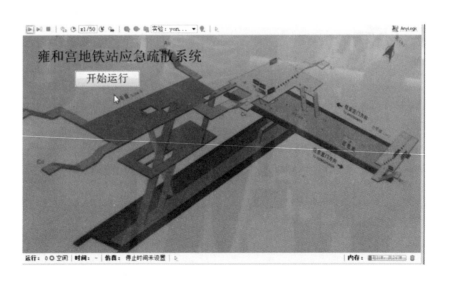

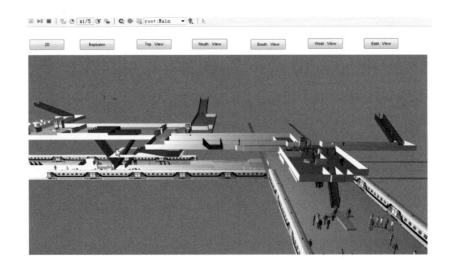

三、项目创新点

① 通过虚拟的应急疏散实验，降低应急方案制订和验证的成本。

② 建立地铁枢纽站 3D 模型，疏散过程的可视性强。

③ 动态改变疏散标识的指示方向，实现地铁枢纽站疏散过程的实时优化。

项目名称：基于多视角的治安卡口车辆监控识别系统

项目分类： 实物
完成时间： 2013 年
指导教师： 付文秀
项目成员： 温 翔 秦甜甜 高 瑞

一、项目简介

该系统采用视频摄像机抓拍技术，对城市道路或高速公路出入口、收费站等重要卡口及重点治安地段实施全天候实时监测与记录。

该系统可以全天候不间断地对车辆进行监测抓拍，实时识别机动车的车牌号码和相关特征；可以自动将识别出的车牌号与布控车辆数据库的黑名单进行比对，验证车辆的合法身份，自动报警；能够测出通行汽车的速度，限制超速；对路口情况进行监控和管理，包括出入口车辆管理，采集、存储数据和系统工作状态，以便工作人员对道路安全进行监控。

二、作品照片

三、项目创新点

① 实现了多视角观察路况。

② 针对市面上监控系统存在死角、不能完整记录车辆的情况做了改善，提高了监控效率。

③ 实时验证车辆的合法身份，自动报警，减小了警察追捕在逃罪犯的工作量。

项目名称：基于移动终端的汽车尾气检测系统

项目分类： 实物
完成时间： 2013 年
指导教师： 陈 新
项目成员： 杜 渺 邸 娜 刘 力

一、项目简介

利用特别设计的可以内置于汽车排气筒的传感器测量汽车尾气的各项指标，利用单片机系统将参数通过蓝牙传送给移动终端软件，移动终端软件处理后将自身的位置信息、时间信息和尾气参数打包发送给服务器，服务器将数据与地图结合传送到网页端，网页端便可实时地监测尾气的参数和地理位置分布。

二、作品照片

三、项目创新点

① 将尾气数据与地图位置相结合，使监测数据更加立体，为后续的整治工作提供了精确的信息服务。

② 将汽车尾气监测与移动终端相连，降低了监测服务的门槛，提高了监测效率，增加了监测的灵活性。

项目名称：基于机器视觉的客流量统计算法研究与平台开发

项目分类： 实物
完成时间： 2013 年
指导教师： 李居朋
项目成员： 沈 旭 包正堂 邱利茂

一、项目简介

客流量统计分析是一种重要的市场研究手段。本项目基于智能视频分析技术和分析算法，通过视频内容处理与分析，实时监测目标形状并跟踪运动目标，分析进、出监测区域的个体数量，实现高精度的客流量统计分析。

本项目采用 TMS320DM6437 与 VCA 技术，提供人流量监测的高性能、低成本硬件解决方案。该方案具有如下特点：① 接口简单，Video In、Video Out、Ethernet 和 DC5V 电源接口；② 系统配置简单，兼容通用模拟监控相机。在标准环境下，人数统计能达到 95% 以上的精确度，为管理者提供了实时、直观、准确的客流量数据。

二、作品照片

三、项目创新点

① 提出了基于机器视觉的客流量统计方案，是当前社会发展中所需要的一种智能设备。
② 系统集成度高，设备相对简单，易维护。

项目名称：太阳光控制的太阳能百叶窗

项目分类： 实物
完成时间： 2013 年
指导教师： 王耀安
项目成员： 王韵琛　周　艳

一、项目简介

我们所生活的环境需要合适的太阳光，过强或者过弱的太阳光都会影响视力。一天中天气多变，而很少有人会不停地调节窗帘或者是百叶窗，所以希望通过自动控制系统根据阳光的变化自动控制百叶窗的角度，使阳光变化的时候百叶窗的角度也变化，使室内光线在一个较长的时间内都很合适。这个控制系统和动力系统的能量来源，我们选择了太阳能。

在传感器方面，我们使用光敏电阻。光敏电阻的连接采用一个光敏电阻和一个电阻串联再与另一个光敏电阻并联的方式，这样可以提高整个电路对光的敏感度，从而可以更好地调控百叶窗。

在控制方面，如果是单一地控制百叶窗的开关，用一套较为简单的二极管和三极管的电路就可以完成，但是我们希望通过光线的变化，较好地调整百叶窗的角度，这就需要用控制系统去完成。对于电机的输出，我们分 5 种控制电流以控制不同的角度。当阳光比较强的时候，百叶窗的遮蔽较多；当阳光比较弱的时候，百叶窗的遮蔽较少。

在动力方面，我们采用的是步进电机。步进电机可以方便我们控制百叶窗的角度。

二、作品照片

三、项目创新点

本项目集自动化控制和能源利用于一身，自动控制百叶窗的角度进而控制室内的光线，而不是单单控制其开合；整个装置不依赖外部电力，实现了环保零排放。

项目名称：室内空气质量检测仪

项目分类： 实物
完成时间： 2013 年
指导教师： 马庆龙
项目成员： 张仁琳　彭玮婷　陈　勋

一、项目简介

国内、外分离 $PM_{2.5}$ 的方法基本一致，均由具有特殊结构的切割器及其产生的特定空气流速来分离。其基本原理是：在抽气泵的作用下，空气以一定的流速流过切割器，较大的颗粒因为惯性大而被涂了油的部件截留，较小的细颗粒随着空气流通过。随着自动化技术及信息技术的迅速发展，环境监测也由以人工采样和实验室分析为主，向自动化、智能化和网络化的监测方向发展，监测仪器逐步向高质量、多功能、集成化、自动化、系统化和智能化的方向发展。我们需要精确、使用方便、操作简单的大气颗粒物监测仪器。

本项目拟研究一种简便、灵敏、快速、直观、准确、经济、在线实时的甲醛检测方法，同时制作一个能够实时监测空气质量情况的便携式空气质量检测仪。

二、作品照片

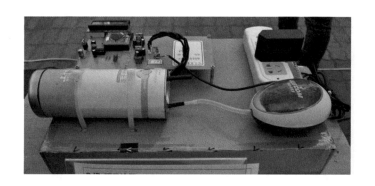

三、项目创新点

① 针对当前空气污染检测设备体积庞大、造价高昂，而实际无须过高精度检测的实际情况，提出了一种低成本的检测方法并设计了相应的检测设备。

② 不直接采用现有传感器外加电路进行制作，而是直接对测量原理进行深入研究并进行试验，制作了一种新型的检测装置。

项目名称：校园宿舍楼热水器热水收集与使用系统

项目分类： 实物
完成时间： 2013 年
指导教师： 陈 新
项目成员： 刘铁旭 余越崎 杨 野

一、项目简介

　　许多学校的学生宿舍都安装了热水器，这给大家提供了方便，但目前存在两个问题：一是热水器在使用前需要烧水，需要等待 10～15 分钟才能洗澡；二是在洗完澡之后，热水器内又常常会存一些热水而未被利用，时间一长，热水变冷水，造成了热量的浪费。校园宿舍楼热水器热水收集与使用系统由自动控制部分和管道连接部分组成。该系统控制各宿舍热水器中已烧开但未被使用的热水沿着管道进入一个保温大水箱中储存，当该系统中某一宿舍需要使用热水时，即可由此保温大水箱中抽出热水至该宿舍。此外，该系统还考虑到了一些其他情况，如剩余热水在运输过程中温度降低的问题、管道内部压强问题、土木工程中的一些特殊要求等。该系统可使各宿舍剩余的热水得到充分利用，避免了能源的浪费，又可适当地缩短同学们洗澡前的等待时间。

二、作品照片

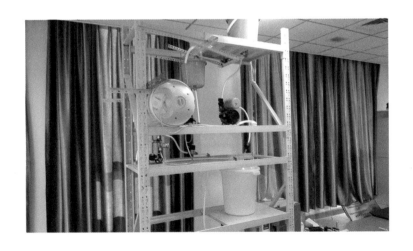

三、项目创新点

① 涉及系统与控制工程和土木工程，实现了学科间的交叉。

② 贴近生活，可操作性强。

③ 宿舍楼热水器中的热水剩余量是巨大的，该系统可以节约大量能源。

④ 不用在热水器上开孔，就可以实现热水成功流入热水器中且能保持较高温度。

⑤ 充分利用了重力，尽量少使用机械抽水或加压，减少了能源的浪费。

项目名称：智能车仿真平台

项目分类： 软件
完成时间： 2013 年
指导教师： 马庆龙
项目成员： 庄裕林　张子晗　杨　晨

一、项目简介

为了方便智能车调试、设计，实现软件、硬件并行开发，需要通过软件仿真的方式进行智能车算法、控制及总体设计逻辑的测试。整个系统仅仿真一辆车，并在仿真中绘制车辆轨迹，界面上显示平面俯视地图及当前车辆位置，并且预留一片显示区域给车辆视角，用于各传感器的视点显示与车辆转角和速度的实时显示。软件模块分为仿真、地图、车辆、采集、控制、显示、交互等进行设计，在设计中留下接口以供今后进行优化和扩充。本项目的主要功能如下。

① 界面上显示平面俯视地图及当前车辆位置。
② 整个系统仅仿真一辆车，并在仿真中绘制车辆轨迹。
③ 仿真平面地图，并在设计中注意模块耦合，方便日后修改仿真模型。
④ 界面上预留一片显示区域给车辆视角，用于各传感器的视点显示。
⑤ 能够通过人来遥控仿真车辆。
⑥ 能够在一台计算机上实现代码验证测试。
⑦ 能够实时显示车辆转角和速度。
⑧ 数据导入、导出、回放等功能可以根据需求添加。

二、作品照片

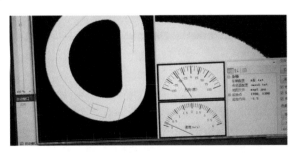

三、项目创新点

① 可以实现智能车软件、硬件并行开发，方便智能车调试、设计。通过软件仿真的方式进行总体设计及智能车控制算法与参数的测试。
② 将数据可视化，直观反映算法过程。

项目名称：智能车路径实时监控系统

项目分类： 实物
完成时间： 2013 年
指导教师： 马庆龙
项目成员： 白桂荣　王　伟　张　超

一、项目简介

由于监控系统汇集了大量的视频，存在人员易疲劳、很难实时监控当前视频、人眼难以从视频中提取准确的运动物体的路径信息等问题。目前国内外研究运动跟踪的方法很多，通常采用的是基于特征、基于光流及基于背景和前景分离的方法。本项目对特定区域进行监控，在对运动目标进行监测时，使用基于颜色的自适应背景的背景差分法，在目标亮度与背景相近而颜色不同的情况下，仍能有效区分目标。

二、作品照片

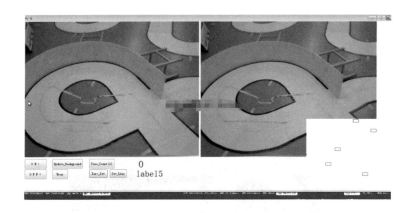

三、项目创新点

① 能调用监控录像，通过计算机自主地识别监控录像中的运动目标，并且记录目标的速度、路径等参数，大大提高了分析的准确度。

② 采用基于颜色的自适应背景差分法进行图像分割，在目标亮度与背景相近而颜色不同的情况下，仍能有效区分目标。

③ 采用降低分辨率的方式增加目标点的连通性，并使用种子填充法进行多目标的提取，降低了算法的复杂性。

④ 设计了简易可行的目标匹配方法，并计算出目标的位置及运动速度，实现了运动目标的跟踪。

项目名称：基于无线通信的自助无线导游器设计

项目分类： 实物
完成时间： 2013 年
指导教师： 戴胜华　李正交
项目成员： 李　帅　韩富玮　于成晓

一、项目简介

随着人们生活水平的提升，人们外出旅游的需求不断增加，而传统的人工导游方式已经不能满足需求。

首先，团队人工导游使用扩音器进行讲述，在很多热门景点会有多个团队，扩音器彼此成为噪声，而且当游客离导游较远时几乎听不到讲解。其次，人工导游费用一般比较高。

为解决以上问题，自助导游器逐步得到发展。目前市场上销售的主要有按键式导游器、红外感应式导游器和 GPS 定位导游器等。目前按键式导游器比较普及，但是这种导游器需要手动按键，使用比较麻烦。红外感应式导游器和 GPS 定位导游器所占份额较小，红外感应式导游器方向性强，抗干扰能力差；GPS 定位导游器精度不高，受外界影响比较大，故两者的研究进展缓慢。

本项目在以上各类导游器的基础上，重点研究基于无线射频技术的自助导游器。该自助导游器采用无线射频感应方式，将无线传输与数字控制相结合，实现选择性语音播放。此外，游客还可根据自己的意愿，重复播放或跳过播放某段解说。

二、作品照片

三、项目创新点

本项目突破传统自助导游器人工选择的局限性，能够依据当前位置识别远场和近场并进行自由切换，自动地选择讲解内容。

项目名称：智能自动合成多种口味咖啡系统

项目分类： 实物
完成时间： 2013 年
指导教师： 路 勇
项目成员： 王诗源 赵星雨 高 峰

一、项目简介

本项目主要是为喜欢喝咖啡，又想喝多种不同口味，同时又想节约时间的人设计的。我们制作的咖啡机上面有两排不同的按钮，每个按钮实现不同的功能。上面一排按钮，实现各种咖啡的制作；下面的按钮，添加喜欢的口味。首先，我们将粉状的不同咖啡放入一个个容器中，然后在其他容器中添加自己喜欢口味的物质。当然，需要你将热水倒入另外的容器中。只要你选择自己喜欢的咖啡的按钮，该装置就会启动，自动准备你选择的咖啡原料。然后，按照系统的提示，根据你选择的咖啡原料计算出所需水的比例。如果你喜欢在咖啡中添加糖，只需要按下面的按钮就行。如果你是特别爱吃糖的人，可以重复按几次这个按钮。添加牛奶的方法也是一样的。

二、作品照片

三、项目创新点

① 操作简单，能够按一定比例自动配成。
② 能在咖啡中添加各种你喜欢的东西，制成各种口味，并且能够控制添加量。
③ 每次可以制作出定量的咖啡。
④ 更换原料后，可以按一定的比例合成其他的饮料。
⑤ 装原料的容器可以取出，清洗方便。

项目名称：中式黑八台球识别装置

项目分类： 实物作品
完成时间： 2014 年
指导教师： 陈　新
项目成员： 刘　力　禹宏康　任梦丹

一、项目简介

中式黑八台球运动广受人们喜爱，已渐渐全民化。但由于其特定的规则，每一局结束后需要人工来摆球复位，比较耗时耗力。本项目制作的自动台球桌可以实现自动摆球复位功能，能大大减少人力负担，使人们能够更好地享受台球这项运动。

二、成员合照和作品照片

 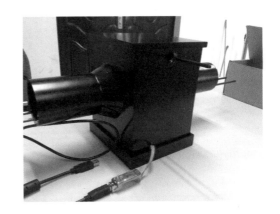

三、项目创新点

① 创新性地使用成本较低的线性 CCD 作为识别台球的传感器，辅之以补光板。

② 为了避免极端对称情况对识别准确性的影响，线性 CCD 没有按照传统完全对称的方式摆放，而是分别在两个位置对滚过的台球进行垂直正交扫描，使扫描的特征更加明显，从而进一步提高了识别的准确性。

③ 在编写程序时，针对不同类别台球的识别难易程度，将识别结果转化为相应数值储存在一维数组中。由于在台球滚动的不同位置，扫描的精确性有细微差异，所以我们对数组中的元素加权，并通过大量实验，得到各个类别台球对应的特征值的范围。

四、项目应用场景

我们的识别装置能直接应用于智能台球桌。当一局游戏结束后，该识别装置能识别出台球然后将识别结果发送给摆球装置，从而实现全过程的自动化。

五、心得体会

刘力："大创好，大创棒，大创开发新思维。"

禹宏康："科技让生活更加便捷。"

任梦丹："优秀的课题源于生活，好的结果需要整个团队尽心尽力。"

六、指导教师评语

该项目在原有基础上改进了识别的方式和算法，效率和准确率有很大的提高。

项目名称：基于 Shape from Silhouette 的
三维扫描技术

项目分类： 实物作品
完成时间： 2014 年
指导教师： 郝晓莉　闻　跃
项目成员： 秦颖超　白晋龙　黄丽妍

一、项目简介

本项目不同于市场上主流的非接触式三维扫描仪，采用基于图像的方式，在特定的相机定标方法下，实现图像坐标系与世界坐标系的转换，然后通过识别图像的轮廓来创建可见外壳，最终完成物体的三维重建。

二、作品照片

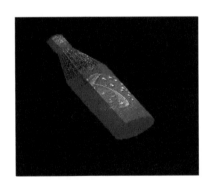 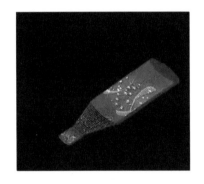

三、项目创新点

① 基于相机定标方案，我们精心设计了承载实物的装置，从而实现了采样图片的最优化。

② 基于 Shape from Silhouette（SFS）的三维扫描技术，采用图片取样的方式，适用范围广，克服了光学扫描中遇到的闪亮、镜面、半镜面表面的限制难题，也克服了激光扫描中遇到的脆弱、易变质表面的限制难题，采用自动轮廓提取方法，实现自动化。

③ 制作成本低，适用于三维教学、虚拟现实等领域。

四、项目应用场景

在三维教学中，实现一些三维几何物体的扫描，形象生动地从不同角度再现物体原型，

从而促进学生对三维模型的理解，激发学生的兴趣，同时也避免了教学过程中对实物搬动的不便。也可用于商业领域，实现物品的三维真实再现，让消费者可以多角度观察物品，从而促进电子商务的发展。

五、心得体会

秦颖超："早期充分的准备与思考是项目起步乃至成功的基础！"
白晋龙："一步一印，坚持不懈是成功的捷径！"
黄丽妍："良好的合作是成功的必要条件！"

六、指导教师评语

项目早期准备充分，进展稳定，成员积极奋进，刻苦攻坚。的确，该项目有一定的难度，要达到预期效果，需要成员具有相当的知识技能储备。虽然成果未达到预期目标，但是成员们得到了锻炼，无论是在知识、技能方面，还是在社会经验等方面都得到了提高。

项目名称：HTML5 体感风铃游戏

项目分类： 软件
完成时间： 2014 年
指导教师： 陈一帅　赵永祥
项目成员： 刘德恩

一、项目简介

随着互联网的发展，网页端软件的地位越来越突出。本项目的目标是开发一套 JavaScript 库，提供一系列底层的接口，使图像处理开发人员能够方便地在网页端进行图像识别。

二、成员合照和作品照片

三、项目创新点

① 网页端进行图像处理，用户无须下载软件。
② 跨平台、跨系统兼容，代码无须编译。
③ 用户无须部署开发环境，可以专注于代码功能的实现。

四、项目应用场景

比如说一个公司要开发一套车牌识别系统供收费站使用，按照目前的方式，会在公司开发完成后，派专人把代码拷到客户计算机上并安装和测试。如果一段时间后发现有 BUG，必须重新去客户计算机上安装最新的软件。如果使用网页的方式，则只需带上一个摄像头插

到客户的计算机上，然后打开一个网址，用特殊的账号登录后即可使用，后续维护通过远程操作就可完成。

五、心得体会

刘德恩："Web 软件可能会杀死传统软件，我们必须正视并跟随这个潮流，当然还有很多坑待我们去踩。"

六、指导教师评语

该生学习态度认真，工作作风好，遵守纪律，能够按时独立完成各项工作，表现优秀。在项目进行过程中，该生能比较系统地运用相关学科的理论知识与技能解决实际问题，具有良好的独立工作能力和创新精神。

项目名称：UWB 室内定位系统

项目分类： 实物
完成时间： 2014 年
指导教师： 陈后金　刘　颖
项目成员： 程健乔　李勃慧　何峻宇

一、项目简介

本项目是通过超宽带脉冲信号实现室内的精准定位。我们使用进口的 DW1000 模块作为超宽带信号发生装置，利用 SDS-TWR 算法进行定位和测距，利用 SecureCRT 读取串口信息并在计算机上显示。实物包括一个基站和一个标签，暂时只能实现测距的功能。测量有效范围在 30 m 以内，测量误差为（25±10）cm。

二、作品照片

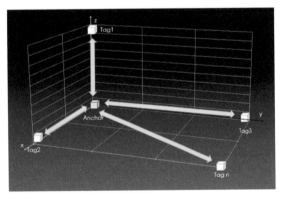

三、项目创新点

① UWB 是新兴起的无线通信技术，它具有高精度、低功耗、抗干扰等特点，在室内定位领域极具优势。

② 使用了 SDS-TWR 测距方法，精度极高，而且方便仿真。

③ 功耗低，体积小，可直接使用锂电池供电。

四、项目应用场景

随着移动互联网时代的到来，人们对于"移动服务最后一米"的需求愈发高涨。在室外，谷歌、百度地图等 APP 给人们的生活带来了极大的便利，迷路的困扰已经逐渐成为历

史。可随着室内建筑设计越来越复杂，室内定位导航也会变得越来越重要。比如在商场快速找到自己需要的柜台，在博物馆快速找到自己心仪的展厅，在大学快速找到自己上课的教室，这些都是 UWB 室内定位系统的用武之地。同时，它高精度定位的特点还能应用于其他方面，比如监狱在押人员的定位、博物馆珍贵藏品的定位等。

五、心得体会

李勃慧："失败并不总是成功之母，可是总结好失败的教训就不会重蹈覆辙。"

何峻宇："这次大创的洗礼，锻炼了我们的学习能力与动手能力，尽管也没做出理想中的系统，可我们也实现了既定的目标。我们明白了既不能好高骛远，更不能浅尝辄止。"

程健乔："把理论付诸实践后才能将我们在书本上学到的知识理解得更透彻。"

六、指导教师评语

在项目完成的过程中，几位同学都付出了极大的努力。收获是与耕耘成正比的，希望他们能在今后的学习和研究过程中继续坚持，取得好成绩。

项目名称：笔记本碳纳米管可拆装触摸屏

项目分类： 实物
完成时间： 2014 年
指导教师： 郑陶雷
项目成员： 高玉钊　张晓刚　宋仁俊

一、项目简介

本项目参照电容屏的结构，利用现有的碳纳米管触摸屏技术，实现碳纳米管触摸屏的外置。

二、成员合照和作品照片

 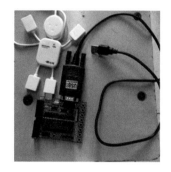

三、项目创新点

① 使用碳纳米管触摸屏，廉价。
② 使用 USB 接口，便携。
③ 为现有不带触摸功能的笔记本电脑提供了一个可行的升级方案。

四、项目应用场景

现有的很多已经生产出来的笔记本电脑和台式计算机都没有触摸功能，用户如果想在这些设备上使用触摸功能，直接更换设备的成本又太高，所以可以制作一种便于安装的、外置的、廉价的触摸屏来实现过渡，以满足用户需求。

五、心得体会

高玉钊："参加大创让我学到了更多书本外的知识，认识到了真正将知识应用到实物上的困难。"

张晓刚："在参加大创的过程中，我学到了团队分工的重要性，单靠一个人的力量是不行的，只有分工合作才能更好地完成作品。"

宋仁俊："无论什么事情都需要认真对待。"

六、指导教师评语

三名同学都做了不少工作，虽然结果并不是那么完美，但付出了就有收获，希望高玉钊、张晓刚、宋仁俊三人在之后的学习中更进一步，取得更好的成绩。

项目名称：不会丢失的汽车黑匣子

项目分类： 实物
完成时间： 2014 年
指导教师： 李维敏
项目成员： 冯龙涛　张家绮　刘乾坤

一、项目简介

　　本项目的目标是设计开发一个"不会丢失的汽车黑匣子"。本项目以嵌入式系统为核心，通过汽车 CAN 总线技术获取汽车原始行驶信息，并通过无线方式实时传输，将汽车状态数据传递到远端监测中心服务器存储、分析，为车辆尤其是特种车辆的安全提供保障。

二、成员合照和作品照片

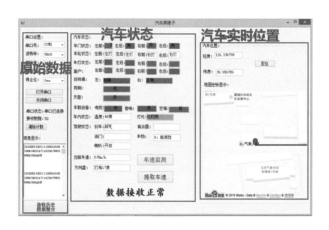

三、项目创新点

① 远程现场数据调阅。

② 汽车行驶状态数据远程传输。

四、项目应用场景

① 私人汽车上应用黑匣子，可以将数据实时传输到计算机端，用于事故重现、防盗等。

② 交通部门使用黑匣子，可以监管实时交通状况。

五、心得体会

冯龙涛："大创是一个很贴近生活的活动，需要我们从生活中发现问题，并用自己的能力去研究它、解决它。大创是一个值得参加的活动，是一个很有价值的活动。"

张家绮："通过这一年多的学习，我学到了许多专业课上没有的知识，并且发现了理论和实际的区别，懂得了完成一个项目的不易，把一个项目做得更加完善则更加不易。大创让我明白了我所欠缺的还有很多，要学习的还有很多。"

刘乾坤："通过完成本次大学生创新实验，我学到了很多实用的知识，将所学理论结合实践，拓展了知识面。在与队友合作完成本次创新实验的过程中，很好地培养了协作创新的精神。"

六、指导教师评语

本项目将汽车记录仪和定位跟踪的功能相结合，可实现对汽车当前状态的远程监测，并通过对汽车状态数据的远程实时保存，实现脱离现场也可进行事故分析的功能；与当前的汽车记录仪相比独立性更强，在汽车被损坏或丢失时，仍能掌握其之前的数据状态，具有实际意义。虽然在一些功能上还不是很完善，但已达到预期的演示系统的要求，并能够通过系统的演示体现本项目的可行性和创新性。通过本项目，学生查阅资料的能力、学习新知识的能力及软硬件的调试能力都有所提高，在遇到困难时能够通过多种渠道想办法解决问题。

项目名称：电梯楼层显示器的研究与改进

项目分类： 实物
完成时间： 2014 年
指导教师： 刘　颖
项目成员： 单路超　于　欢　卞景季

一、项目简介

电梯是我们出行经常用到的，它给我们的生活带来了很多便利。目前电梯运行时只会向外面提供电梯正处于几层、上升或是下降这两点信息，而不会告诉正在等电梯的人"此时电梯里面有多少人，电梯还将会在哪一层停留"这样的信息，所以在某些时候会对一些人造成不便。针对这一点，我们想在电梯原有功能的基础上进行改进，于是便有了这个项目。

二、成员合照和作品照片

三、项目创新点

① 显示电梯将要停留的楼层情况。
② 显示电梯内部实时人数情况。

四、项目应用场景

假如我现在处在六层，准备坐电梯下楼，但是我不知道电梯在下降的过程中究竟会在哪层停留，电梯内部有多少人，就算电梯来了，我能不能成功搭乘电梯。有了我们制作的新型电梯，不仅能够显示电梯停留的楼层情况，还会显示内部究竟有多少人，如果停留的层数较多或者内部人数较多，就可以选择走楼梯出行，从而节省出行时间。

五、心得体会

单路超："这次经历不仅巩固了我的知识应用能力，更激发了我对科研的兴趣。"

于欢："大创是我经历的一段全新的旅程，我学习了很多非常有用的东西，这也是我人生中一笔宝贵的财富。"

卞景季："大创不仅让我巩固了所学的知识，同时也让自己的实践能力大大加强！"

六、指导教师评语

这个小组的成员对待大创的态度还是很好的，遇到了困难就及时来找我和我的学生，有问题解决不了时也会认真查资料解决，而且分工也很明确。所以在大家的努力下，电梯模型及其附加功能都顺利完成。相信这几位同学有了这样的经历，今后的大学生涯将会更加精彩！

项目名称：多功能无线网络信号屏蔽器

项目分类： 实物
完成时间： 2014 年
指导教师： 李　旭
项目成员： 常坤亮　张佳程　冯建宇

一、项目简介

随着 3G、4G 及 WiFi 的普及，信号屏蔽器需要屏蔽的信号频段越来越多。单一不可调的信号屏蔽器不能适应多种场合。我们希望制作出多频段、控制简单方便的多功能无线信号屏蔽器。

二、成员合照和作品照片

 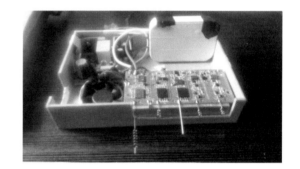

三、项目创新点

① 屏蔽了 WiFi 信号。
② 用手机蓝牙控制开关。

四、项目应用场景

在考试等需要对信号进行屏蔽的场合可以用本项目的成果实现对信号的屏蔽。

五、心得体会

常坤亮："硬件实现是一个需要大量经验的工作，调试工作比设计工作往往更加困难。"
张佳程："大创锻炼了我的动手能力，并将知识与实践结合起来。"
冯建宇："多动手才能学到知识。"

六、指导教师评语

这个项目并不是很新奇的想法，市面上也有类似的产品，但屏蔽器并不如想象的那么简单，要想真正弄懂原理，需要不懈钻研。虽然他们的作品还有很多不足之处，但是这一年多的经历将对他们以后的学习大有裨益。希望他们在以后的道路上怀着一颗敬畏之心不断充实自己。

项目名称：非接触式车载测速仪

项目分类： 实物
完成时间： 2014 年
指导教师： 马庆龙
项目成员： 李 业 赫 欣 李 琳

一、项目简介

本项目利用拍摄装置采集图片，对比像素点在一定时间内的具体位移，用程序来计算位移与时间的比值，再乘上系数（缩小比例）得到速度值，并实时传输到终端设备，从而让驾驶员得到高精度的信息。

二、作品照片

三、项目创新点

相较于传统的接触式测速装置，本项目避免了与车轴、车轮等的接触。非接触式测速装置不会随汽车部件的磨损而影响效果，在车轮与地面出现不理想的滚动摩擦状态时也能很好地测量出车的速度。相较于基于多普勒效应制作的测速装置，本项目在低速运动的物体上有更好的精确度；利用光电传感器，时效性高，数据准确，更好地保证了安全性。

四、项目应用场景

将设备安装在车辆的底部，在行驶过程中运行程序实时地将速度反馈到显示屏上，并准确地反馈给驾驶员。

五、心得体会

李业："我们会的东西不多，所以学到了无数新知识。"
赫欣："能有一次实践动手的机会很宝贵，应用了很多的东西。"
李琳："让我意识到了合作的重要性。"

六、指导教师评语

该组同学接到题目后，一直积极地参与，认真学习知识，当有不会的时候能够与老师沟通。同学们用了一年的时间做完了作品，有了很多收获，希望以后的比赛也可以尽心参加。

项目名称：蜂窝移动通信终端直通技术演示平台

项目分类： 实物
完成时间： 2014 年
指导教师： 王海波
项目成员： 黄　伟　闫晓宇　宋云鹏

一、项目简介

为了提高空口频谱使用效率，降低传统蜂窝网的沉重负载，获得更高的系统吞吐量，蜂窝网络下的终端直通（device-to-device communication，D2D）研究日益受到重视。D2D 的终端可以直接或在基站控制下，在继续保持通过基站进行通信的同时，与另一个终端直接进行数据通信，从而降低空口资源的占用，提高系统吞吐率，同时还可以减少通信延时，降低干扰水平，节省终端能量。

二、成员合照和作品照片

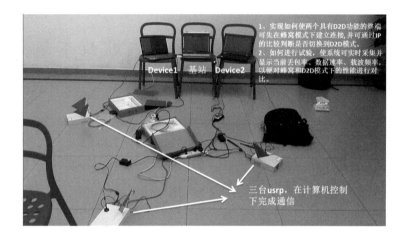

三、项目创新点

① 可以降低空口资源的占用，提高系统吞吐率。

② 可以减少通信延时，降低干扰水平，节省终端能量。

四、项目应用场景

当前高校中还缺少可有效演示的 D2D 平台，我校宽带无线移动通信研究所在的"蜂窝移动通信终端直通技术研究"重大专项中已取得了众多理论和专利成果。

五、心得体会

黄伟："此次大创锻炼了我的编程能力，也锻炼了我的组织协调能力，感谢学院能够给我们提供学习的平台，在今后的学习中我会以更加严谨的态度去对待。"

闫晓宇："通过此次大创，我学习到了很多有关无线通信的知识，也将平时学习的编程知识运用到了实际生活中，我深刻理解了什么叫'实践是检验真理的唯一标准'。"

宋云鹏："在此次大创中我阅读了大量文献，不仅丰富了关于无线通信的知识，也提高了阅读英文文献的水平，感谢这个项目给我锻炼与成长的机会。"

六、指导教师评语

本次大创中，由于团队中的同学尚未学过相关的专业基础课，在理解和实现 D2D 无线通信的调制编码、同步、接入协议等方面遇到了很多困难。虽然他们通过自学掌握了很多相关知识，但是由于专业基础的不足还是影响了项目实现的效果。我欣赏他们所付出的努力，希望他们以后能更上一层楼。

项目名称：个性化视力友好型节能台灯

项目分类： 实物
完成时间： 2014 年
指导教师： 钱满义
项目成员： 王明庆　方　军　殷佳佳

一、项目简介

　　本项目跨越医学、心理学和信息科学，通过三个学科的融合研究阅读过程中近视度数变化的规律，提出了"近视预防的关键在于提高用眼效率"的观点。根据该观点，我们设计制造了一种智能台灯，它能适应不同阅读者的阅读个性倾向，从而帮助他们提高用眼效率。我们将阅读者的阅读个性倾向分为"内容主义"和"形式主义"两种。内容主义者，容易忘记休息时间，该台灯通过人机交互部件帮助他们根据阅读篇幅和阅读材料的段落结构制订休息计划，到了休息时间提醒他们休息。形式主义者，对外界干扰敏感，该台灯通过传感器测量周围光线的不平衡，调节分布在不同方位的 LED 灯组，补偿外界光线的不平衡。

二、成员合照和作品照片

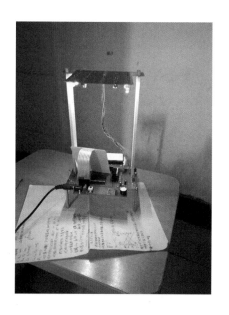

三、项目创新点

　　① 需求分析创新。跨越医学、心理学和信息科学，从三个学科融合的角度为阅读中近

视度数变化建立模型，将阅读者的阅读个性倾向分为"内容主义"和"形式主义"。

② 观点创新。预防近视的关键在于提高用眼效率。

③ 功能创新。根据阅读篇幅和阅读材料的段落结构帮助阅读者制订休息计划，而且还可以根据空间光强调整不同部位的 LED 灯组。

四、项目应用场景

本项目可以应用于农村中小学生傍晚阅读纸质书籍的场合。农村地区的孩子没有自己专门的书房，也没有专门为阅读准备的合适照明，房屋采光不好，外界光强分布不平衡，极易近视。

五、心得体会

王明庆："从无到有，从粗糙到完美，从慌乱到从容，从白纸一张到技能满满。"

方军："通过一年的磨炼，经历了很多，自己得到了提高。"

殷佳佳："大创，新的人生，新的挑战，新的成就！"

六、指导教师评语

这个项目新颖，成果实用，小组成员经过一年的努力将这个项目做得很好。他们能够仔细观察、切身体验、独立思考、综合分析，灵活运用自己的知识解决实验中遇到的实际困难。总而言之，经过这次大创，相信他们会在今后的学习和工作中取得出色的成绩。

项目名称：轨道交通区域联锁系统研究

项目分类： 实物
完成时间： 2014 年
指导教师： 戴胜华　李正交
项目成员： 朱　强　牛　敦　余文化清

一、项目简介

　　铁路方面的计算机联锁是保证车站内列车和调车作业安全、提高车站通行能力的一种信号设备。区域计算机联锁具有车站计算机联锁系统的全部功能，体现在控制操作集中在中心站完成，其他车站不再办理站内列车和调车进路作业。

　　在实验室现有轨道交通运行控制系统沙盘的基础上，分阶段开发区域联锁系统。

　　基于 C#或 VC++开发车站联锁软件，实现三个车站独立的列车、调车进路作业功能，在软件开发的同时掌握系统硬件控制原理。在各车站联锁正确的情况下，通过局域网完成区域联锁控制，实现单车站控制其他两车站联锁进路的办理。

　　系统的功能主要有：道岔定反位控制；列车正向、反向、停止状态的控制；信号灯状态控制；联锁表的编制；接车、发车、通过进路的办理。

二、作品照片

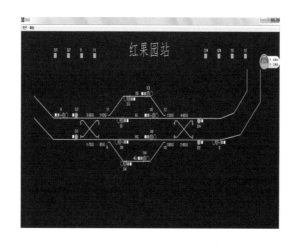

三、项目创新点

① 工程应用性强，便于理解与学习车站计算机联锁系统。
② 联锁操作统一化、标准化。
③ 多车站区域控制。

四、项目应用场景

在实验室模拟列车计算机联锁操作，办理列车进路时，通过操作人机交互界面实现进路办理。

五、心得体会

朱强："从开始立项到最后结题，在这一年中我想我学到的不仅仅是一些技术，更是一种面对困难大家群策群力、通力合作、永不放弃的精神。"

牛敦："在这次大创中，我学会了很多知识、技术，弥补了自己的一些不足，同时也感受到了团队合作的力量。"

余文化清："在这次的大创中，我学到了很多，包括知识、技术方面的东西，特别是关于编程方面的东西。同时，我也领悟了坚持这种精神在研究过程中的重要性，非常感谢这次大创。"

六、指导教师评语

该小组成员从项目开始到最后结束，通力合作、不断努力，克服了种种困难，最后成功完成了此次大创项目。虽然存在许多不足，但最终通过成员的努力，坚持完成了大创要求的各项工作。

项目名称：含噪信号源数确定及分离

项目分类： 论文
完成时间： 2014 年
指导教师： 周　航
项目成员： 白双星　张文庆

一、项目简介

本项目结合小波去噪、经验式分解和快速独立分量分析算法的优点，针对信源数目未知的含噪混叠语音信号盲分离问题，提出了一种盲分离算法：先对信号进行小波阈值去噪，再根据EMD 和贝叶斯信息准则估计信源数目，采用快速独立分量分析法实现语音信号的盲分离，并对分离出的源信号进行二次小波去噪，从而实现含噪混合信号的自动化的源数估计和分离。

二、成员合照和作品照片

 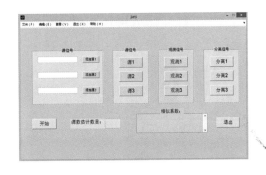

三、项目创新点

① 将小波去噪、EMD 和 ICA 算法结合，实现自动化的源数估计和分离。
② 可实现在噪声环境下的信号分离，且分离精度高，相似度可达 99.5%。
③ 运行速度快，操作界面化、简单化。

四、项目应用场景

本项目的研发成果在语音识别、生物电信号处理、图像处理、金融数据分析及移动通信等领域有着广泛应用。例如在嘈杂环境中，语音识别的效果往往不理想，如果使用本项目中的研究成果把各个源信号分离开来，再与语音模型对比就能提高语音识别的准确度。

五、心得体会

白双星："好好学习，天天向上。"
张文庆："天才是百分之一的灵感加百分之九十九的汗水。"

北京交通大学

项目名称：行车侦察兵

项目分类： 实物
完成时间： 2014 年
指导教师： 周　航
项目成员： 李思震　李泽润　王乾乾

一、项目简介

通过摄像头采集前方路况，然后通过显示屏反馈给司机路况信息；通过数字图像处理程序识别颜色信息，进而模拟障碍物的识别；通过超声波测距感知前方障碍物与车的距离，然后进行语音播报，从而提醒司机减速行驶。

二、成员合照和作品照片

三、项目创新点

① 可以采集路况信息，提供信息更加方便、快捷。
② 识别颜色信息，可以分辨紧急情况。
③ 可以对障碍物的距离进行语音播报。

四、项目应用场景

能应用于智能机器人避障、倒车雷达等。

五、心得体会

李思震："技术的发展依靠创新。"
李泽润："知识改变命运，我们通过努力能实现自我价值。"

王乾乾："过程都是次要的，体验每一步才是最重要的。"

六、指导教师评语

该组同学在刚开始时进展比较缓慢，可能是刚开始着手大创项目，还不知道从哪里入手。后来通过上网查阅资料及请教之前做过的研究生，基本可以构建项目的整体思路，在程序方面的功能基本可以，在硬件方面的功能可以演示，但是还存在不精确的问题，有待于进一步完善与改进。另外，还需提高动手操作的能力。

项目名称：环境微弱能量收集系统的研究与设计

项目分类： 实物
完成时间： 2014 年
指导教师： 李居朋
项目成员： 孙 欢　朱展鹏　郭鹏鑫

一、项目简介

　　本项目的内容是研究、设计一个能收集并储蓄环境微弱能量的装置。该装置能对环境微弱能量（电磁波、热能、微弱的光等）进行分析，然后利用专门的能量收集模块进行收集，同时加入智能管理，将能量转化为电能并储存起来。

二、成员合照和作品照片

三、项目创新点

　　① 突破传统单一的能量收集与转换方式，采用复合式能量收集方式，实现资源的最大化利用。
　　② 采用实验室条件下较容易获取的原材料，使项目的应用更贴近日常生活（如用冷、热水使台灯发光；手机来电为其本身充电）。

四、心得体会

　　孙欢："团队合作是一个项目成功不可或缺的重要因素。"
　　朱展鹏："我觉得这个团队是我的一大财富，我珍惜它，无论作品好坏。"
　　郭鹏鑫："注重每一个细节都可能带来量变到质变的飞跃。"

项目名称：基于 3G 的道路积水视频监测设备设计与实现

项目分类： 实物作品
完成时间： 2014 年
指导教师： 李润梅
项目成员： 肖 君　王 琳　王怡人

一、项目简介

　　本项目利用视频及传感器技术设计城市道路积水水位监测设备，能够实现水位的自动检测、数据分析、实时报警、图像及数据上传；处理器采用外购的 YG-VAB642 电路板，以集成 TMS320DM642 DSP 作为核心芯片，以 STM32 作为辅助芯片。

二、作品照片

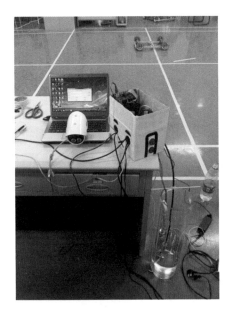
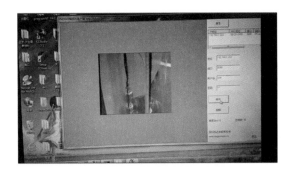

三、项目创新点

　　① 利用 C#编写水位数据的采集和显示界面，使上位机能实时报告水位，能实时发出水位超限报警，能查询历史水位信息，能够对水位变化作出预测。

　　② 利用点式浮球液位传感器采集点式液位数据，利用压力式液位变送器采集连续液位

数据，实现多级报警灯预警。

③ 通过 TCP/IP 网络将下位机采集到的水位数据送往上位机并显示。

四、项目应用场景

近年来，我国多个城市因强降雨导致城市洪涝。2012 年，北京、天津、上海等地因洪水短时间涌入市区形成内涝，造成了重大损失。市区内低洼地区出现的积水现象，给居民的工作、生活造成了很大影响。因此建立水位监控系统，增强城市防汛工作快速反应能力，最大限度地减少洪灾损失，具有非常重要的意义。

五、心得体会

肖君："团队的良好合作是项目顺利开展的保证，尽管在项目实施过程中遇到过种种问题，但是在前进过程中我们看到了团队的重要性。"

王琳："首先要明确一个方向和目标，这是贯穿整个项目的核心。只有方向明确，并围绕这个方向努力下去，才可能有结果。"

王怡人："大创让我们将所学的知识运用到实际中，培养了我们的创新能力与团队合作精神。"

六、指导教师评语

三位同学面向城市内涝积水水位检测及报警这一实际应用需求，开发了一套基于 3G 的道路积水视频监测设备。他们利用 Java 语言进行了用户交互界面的简单开发，并实现了实时视频传输和水位实时检测与报警的基本功能，项目硬件选项合理，设计功能基本实现，初步具备了一定的应用性。

项目名称：基于 Android 平台及驾驶环境下的语音去噪分离 APP

项目分类： 软件
完成时间： 2014 年
指导教师： 魏 杰
项目成员： 邓维建　邓博洋　金逸飞

一、项目简介

在典型的汽车驾驶室环境内，存在胎噪、风噪等一般性环境噪声。本项目能在多种噪声共同叠加的条件下，准确提取目标驾驶员的声音信号。

二、成员合照和作品照片

三、项目创新点

① 本地离线去噪，手机不用连网就可以去噪。
② 与麦克风硬件自带的去噪功能结合，能够得到一个很好的去噪效果。
③ 将去噪环境扩展到实际生活，而不仅仅是车载环境。
④ APP 可以运用于语音识别、智能控制驾驶等，有一定的实用性。

四、项目应用场景

汽车驾驶员通过语音发出控制指令，实现对车辆多媒体娱乐系统、车辆驾驶辅助系统的控制是未来智能交通、智能驾驶的重要发展方向。其中，高信噪比的驾驶员语音提取是保证

指令准确识别的首要条件。本项目主要运用于车载环境中。

五、心得体会

邓维建："通过大创，我扩展了思路，开阔了眼界，交流了智慧，收获了友谊。"

邓博洋："在改进中学习，在收获中改进。"

金逸飞："大创给了我更深入学习的机会，给了我第一次做科研的经历。"

六、指导教师评语

该项目基本上达到了预期目标。在整个项目进行过程中，学生们的积极性很高，能够一起解决问题。学生们能够调动自己的理论知识来解决实际问题，既培养了创新能力也增进了对知识的理解。

项目名称：基于 Android 系统的无线智能鼠标

项目分类： 软件
完成时间： 2014 年
指导教师： 高海林
项目成员： 高梦宾　丁玮光　郑仙树

一、项目简介

本项目是一款基于安卓系统的鼠标 APP。使用者能够利用 WiFi 将手机与计算机连接，通过手指在手机触屏上操作，达到操控计算机的目的。本项目避免了有线鼠标必须与终端有线连接的弊病，同时又比无线鼠标成本低，易于推广。

二、成员合照和作品照片

三、项目创新点

① 安装本项目所开发的 APP，就可以通过对手机屏幕的相关操作实现普通鼠标的功能。
② 具有快捷功能，如扬声器音量的增减、PPT 操控等。
③ 方便教师操控。教师能在一定范围的移动中操控计算机，有利于教师在教学过程中与学生互动。

四、项目应用场景

本项目主要应用于教师教学。在教师授课过程中，可以移动授课，而且连接方便。

五、心得体会

高梦宾："团结就是力量。"

丁玮光："过程比结果更重要。"

郑仙树："自己收获了很多，学到了很多东西。"

六、指导教师评语

小组成员在安卓手机上使用安卓语言编程，实现了无线智能鼠标的功能。使用手机APP代替无线鼠标具有无成本、通用性好、易于使用等特点，可应用在教师移动授课等教学环境中。

项目名称：基于 Android 移动终端控制的 可摄像四旋翼直升机

项目分类： 实物
完成时间： 2014 年
指导教师： 陈后金
项目成员： 徐凌青 赵 志 姚 远

一、项目简介

近年来，随着新型材料、微电机（MEMS）、微惯导（MIMU）技术和飞行控制理论的发展，四旋翼直升机受到了越来越多的关注。四旋翼直升机在军事和民用领域具有广阔的应用前景，可以用于环境监测、气象调查、高层建筑实时监控、协助和救助、电影拍摄、情报搜集等。本项目的主要研究内容包括：

① 四旋翼直升机 Android 终端控制的研究；
② 摄像数据实时传输的研究；
③ Android 终端控制程序的编写；
④ 设计预留接口为直升机添加更多功能。

二、作品照片

三、项目创新点

① Android 移动终端操作。
② 终端显示界面上可以实时显示直升机所拍摄的视频、图像资料，可以第一视角呈现

在使用者的眼前。

③ 最优化总体设计。根据性能和价格选择合适的材料，尽可能地减轻直升机重量。

四、项目应用场景

本项目主要还是民用。另外，因为制作过程有比较固定的模式，而且制作成果有比较稳定的飞行表现，所以在青少年玩具方面和教学器材方面都具有很好的应用前景。

五、心得体会

徐凌青："通过完成这个大创项目，我们提高了自己的工程实践能力和创新意识。"

赵志："在大学这四年的时间里，大创是我们应该去做的事情，从中能够不断地超越自己。"

姚远："扎扎实实地走好每一步，就算做不到完美但也会尽力让自己做到最好。"

项目名称：基于 DSP 非对称算法的保密电话

项目分类： 实物
完成时间： 2014 年
指导教师： 卢燕飞　霍 炎
项目成员： 寸怡鹏　张立众　王坚凯

一、项目简介

　　我们采用的是实验室提供的 DSP5502 板子和合众达的下载器，通过编程来仿真座机电话通信过程中的加密解密过程。把两块 DSP5502 板子用模拟信道的音频线连接起来，通过对 DSP 编程，实现对输入的语音信号进行 A/D 采样，然后在 DSP 内部对采样后的数字音频信号做循环异或加密，再做 D/A 采样恢复成模拟信号在信道上传输；在接收端利用另一块 DSP 板子对加密后的信号进行解密处理，从而实现仿真座机电话的保密传输。

二、成员合照和作品照片

三、项目创新点

① 实现在一块 DSP 板子上进行语音信号的加密和解密。
② 实现两块 DSP 板子之间无失真的不加密语音通话。
③ 实现实时语音通话。

四、项目应用场景

在数字化时代背景下，利用 DSP 实现保密通信中的数据加密更快速、有效。

五、心得体会

寸怡鹏："做大创是一个艰辛的过程，不一定付出就有预想的收获，但付出了总会得到一些别样的感悟，这也是对自己的一次历练。"

张立众："大创重要的是团队合作，只有大家一起努力，才可以做出成果。"

王坚凯："一路走来有苦有累，有酸有甜，无悔大创，无悔青春！"

六、指导教师评语

该项目实现了基于 DSP 的语音通话和加密解密的仿真。虽然工作尚未完成，但学生们从这个过程中获取了知识，提高了能力，这是非常有意义的。我希望他们能通过这次大创的经历获取经验，汲取能量，为以后的发展打下基础。

项目名称：基于 Kinect 的人体动作识别与增强现实建模研究

项目分类： 软件
完成时间： 2014 年
指导教师： 付文秀
项目成员： 刘 召 裴 迪 李启腾

一、项目简介

本项目主要研究基于 Microsoft Kinect SDK + C#开发环境的人体动作识别与建模应用，程序的运行主要采用 Intel NUC 或者相关 x86 平台。NUC 是 Intel 公司推出的超微型计算单元，具有超低功耗、超小体积、强大完整的 x86 CPU 等，非常适合作为此类项目的硬件平台。本项目拟从骨骼及模型建立、动作捕捉、识别算法这一逻辑流程入手，开发出能完成基本识别流程的软件，然后在此基础上进行二次开发，并探讨将其识别结果应用于增强现实驱动的新式辅助教学（也叫自然教学），如肢体语言教学、肢体性人机交互等方面，以期对后续开发和相关项目有一定的参考价值。

二、作品照片

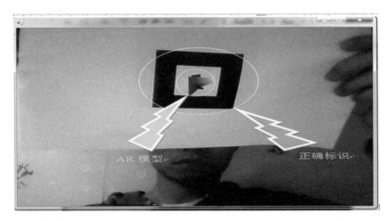

三、项目创新点

① 自然交互。自然交互大大缩短了人和计算机之间的障碍，降低了信息交流的门槛，在形式上具有无限的创新可能。

② 增强现实。所有的设备最终都是为人服务的，增强人们在某一方面的能力或者辅助人们完成某些之前难以胜任的工作。增强现实在信息角度增强了人们获取信息的能力。

③ 基于自然特征的识别交互探索。

四、项目应用场景

① 教学。在平面图片的基础上叠加立体的图片，使教学更加丰富生动。

② 驾驶。对于雨天等不能清晰识别周围环境的情况，可以在屏幕上动态标注路况（比如对前方汽车进行识别、测距，并显示出车距）。

五、心得体会

刘召："虽然缺少了硬件的制作，但是加深了对软件的学习。"

裴迪："累并快乐着。"

李启腾："虽然过程很辛苦，但苦中有乐，回味起来还是挺美好的！"

六、指导教师评语

该组学生结合题目进行了调研，完成了开题报告，并自学软件及 C#语言的相关知识，放弃了硬件的设计，专注于软件的开发，并最终完成设计。程序还需进一步完善，离实际应用还有一段路要走。

项目名称：基于 LED 可见光通信的车距测量系统

项目分类： 实物
完成时间： 2014 年
指导教师： 朱明强
项目成员： 郝瑞兰　高　岩　陈　磊

一、项目简介

本项目的研究内容是利用 LED 可见光通信技术、超声波测距技术等实现车辆之间的测距及信息传递。实物作品由两辆智能小车和车上测距系统组成，后车通过超声波测距获得两辆车的距离，将车距信息通过单片机加载在 LED 灯光上，控制 LED 闪烁，向前车发送信息，前车通过光敏电阻感应闪烁，统计闪烁次数，处理之后显示在液晶屏上。

二、成员合照和作品照片

三、项目创新点

① 本项目应用了当前蓬勃发展的可见光通信技术，利用发光二极管发出的肉眼看不到的高速明暗闪烁信号来传输信息，安全又经济，具有广泛的开发前景。

② 本项目应用 LED 灯作为发射装备，节能、安全、可靠、成本低，且有安全的作用距离和作用范围。

③ 本项目为车辆的测距与安全监控提供了一种新的方法。当前，汽车照明灯基本上都采用 LED 灯，这也是 LED 可见光无线通信技术在智能交通系统的发展方向。

四、项目应用场景

车辆间距的测量是智能交通系统所要求的基本功能。本项目主要应用在夜间行车，当前、后两辆车均安装该设备时后车可通过系统获得与前车相距的距离，并显示给后车驾驶

员，同时将车距信息通过控制 LED 车灯闪烁发送给前车，前车通过车尾安装的光敏接收设备，无须测距，自动获得与后车的距离并显示给前车驾驶员。

五、心得体会

郝瑞兰："这是一次难忘的体验。"

高岩："这次大创使我认识到科研本身就是一个不断改变、不断突破的过程，对于我们来说，创新和毅力缺一不可。"

陈磊："通过这次大创，我认识到了自己还有很多不足，和周围同学还有很大差距，自己还需要提高，因为有时候自己想的和最后结果会有很大偏差。"

六、指导教师评语

项目设计思路有一定的创新性，完成情况较好。但具体的电路和方案仍需进一步完善，尤其是光电信息的转化，仍需要进一步研究。

项目名称：基于 NetFPGA 的内容存储功能实现

项目分类： 软件
完成时间： 2014 年
指导教师： 罗洪斌
项目成员： 温 悦 闵高阳 孙 婧

一、项目简介

基于以内容为中心的体系结构能够很好地提高网络资源的利用率，是下一代互联网的重点发展方向，所以在实际网络节点上实现内容存储势在必行。软件仿真虽然获得了很好的效果，但在实际中还需要硬件节点，所以本项目选择具有良好模块化特性和开放性的 NetFPGA 10G 作为硬件开发平台，设计实现网络节点内容存储功能。本项目的主要任务是正确搭建 NetFPGA 10G 硬件操作平台，并在 NetFPGA 10G 上实现内容存储功能。

二、成员合照和作品照片

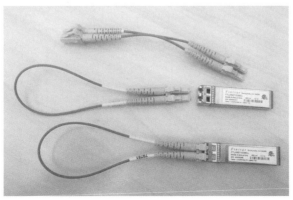

三、项目创新点

① 利用 NetFPGA 板子，极大地缩短了设计周期。

② 以内容为中心，存储数据分组作为网络节点的功能之一。

③ 就近为用户提供服务，提高网络资源利用率。

四、项目应用场景

本项目可以应用在以内容为中心的下一代互联网体系结构中，存储数据分组将作为网络节点的功能之一。当数据分组流经网络相应的服务内容或当相同的服务再次被请求时，网络节点可以从自己的存储区域中提取相应的数据，就近为用户提供服务，从而提高网络资源的利用率。

五、心得体会

温悦："做大创的一年让我感受到需要学的还有很多。"

闵高阳："学到了很多，也有很多没有完成，加油。"

孙婧："大创项目经历了将近一年的时间，在这期间我学到了很多知识，也增长了很多见识，让我受益匪浅。"

六、指导教师评语

项目完成情况较好，但是距离目标还是有一定的差距，需要学生们在课后加以完善。

项目名称：基于 PCI 总线的通用 DB37 的输出测试平台

项目分类： 实物
完成时间： 2014 年
指导教师： 戴胜华　李正交
项目成员： 王自胜　王纯通　刘芳睿

一、项目简介

　　基于 PCI 总线的通用 DB37 测试平台是一款基于 C#语言、PCI 总线、DB37 插口设计而成的一款可移植性强（通用）、方便推广、便携式的测试平台。

二、作品照片

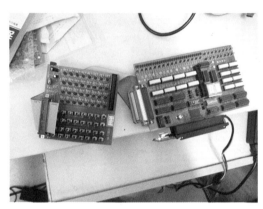

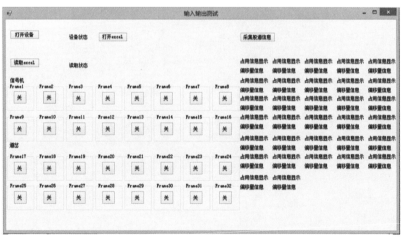

三、项目创新点

① 通用。避免了多次编程的人力、物力损耗。
② 便携。方便携带使用，便于推广。

四、项目应用场景

基于 PCI 总线的通用 DB37 测试平台是对沙盘的信号机、道岔是否故障及轨道占用情况进行测试的软件。

五、心得体会

王自胜："重在坚持，没有解决不了的困难。"
王纯通："平时注意留下影像资料以备不时之需。"
刘芳睿："有成果不骄，遇困难不躁。"

项目名称：基于 Q-学习和神经网络的高精度飞行器

项目分类： 实物
完成时间： 2014 年
指导教师： 赵　翔
项目成员： 盛琦贤　闫　函　王　琪

一、项目简介

　　利用多种传感器反馈的参数，进行同步在线分析以实现飞行器的精确飞行及避障功能，并在使用传统控制系统的基础上，将现有控制系统与 Q-学习和神经网络技术相结合，通过大数据学习达到飞行器自适应的目的，并利用飞行器自带的微型计算机系统来设计控制器，提高控制系统的抗干扰性，使之完成不同姿态的自主飞行。

二、成员合照和作品照片

三、项目创新点

① 将神经网络与三维飞行器有机结合。
② 用 PID 动力仿真系统代替真机试飞。

四、项目应用场景

　　以能够实现精准飞行的飞行器为基础，可拓展航拍、巡航、探测等多种功能。因此，作为实现各种功能的先决条件，基于 Q-学习和神经网络的高精度飞行器必是各大科技公司大力研究的方向。

五、心得体会

盛琦贤："Things will be ok！"

闫函："大创让我学会了脚踏实地，也让我更加珍惜队友之间的友谊。"

王琪："大创带给我的不仅仅是科研能力的提升，还有各个方面的成长，很庆幸能有这个锻炼自己的机会。"

六、指导教师评语

及时地交换想法是大创成功完成的一个重要原因，从中我看到了同学们的团结协作，并最终使四旋翼飞上了蓝天。我希望同学们也如同四旋翼一样，在大学最后的日子里，明确目标，携手同行，放飞梦想。

项目名称：基于 RFID 技术的食堂自动计价扣费系统

项目分类： 实物
完成时间： 2014 年
指导教师： 马庆龙
项目成员： 赵鑫泽　刘　蕾　胡疋盈

一、项目简介

利用 RFID 技术，制作一个自动计价扣费系统（包括食堂布局及相关感应监测系统）。利用该系统可以做到自动计价，并与学校一卡通结算中心相连，自动扣取相应费用。此外，该系统还为没有购买的同学设计了一个单独的快速通道，而且相应的感应装置可以很好地监测是否有未结算商品，从而使所有的商品都付过相应费用后才能拿出餐厅，保证了食堂的利益不受损失。与传统的结算方式相比，这种快速结算系统具有速度快、核算准、体验佳、无人值守等特点。

二、成员合照和作品照片

三、项目创新点

该项目改变了传统的效率低下、出错率高的人工计价扣费方式，用计算机进行相关操作不但可以节约大量的时间和劳动力，而且避免了计价错误带来的麻烦。

四、项目应用场景

自动计价系统可以广泛应用于客流量大的食堂、快餐厅、超市等场合。

五、心得体会

赵鑫泽："每天进步一点点。"
刘蕾："要结合理论多实践。"
胡疋盈："努力付出就会有好的结果。"

六、指导教师评语

这个题目的想法比较新颖，不管是作为课程外的延伸还是实践都很有意义，小组成员努力认真，但是行动方向性仍需加强。

项目名称：基于 WebRTC 的网络远程视频监视和运动检测系统

项目分类： 软件
完成时间： 2014 年
指导教师： 陈一帅　郭宇春
项目成员： 杨高予　李宣增　李晓烁

一、项目简介

本项目基于最新的 WebRTC 技术，实现了实时音视频传输，远方接收者通过浏览器能够实时查看使用者的行为，并能使用运动检测方法检测摄像头前使用者的活动，若超出阈值，则会向远方接收者发出警示信息。本项目把 WebRTC 技术与运动检测技术相结合，具有很强的实践指导意义。

二、作品照片

三、项目创新点

① 用户使用方便，不需要安装插件或者客户端。
② 用户体验一致性高，升级方便快捷，可在服务器端完成。
③ 基于 JavaScript 或 HTML，开发简单快捷。

四、项目应用场景

可以假想一个场景：父母在上班前打开家中的计算机，打开一个特定网页，并让摄像头面对年幼的孩子，然后来到办公室打开这个特殊网页，只要孩子挥一挥手，便能得到图像和声音的反馈。

五、心得体会

杨高予："执着脚下，努力前行。"

李宣增："天道酬勤。"

李晓烁："梦向往的前方，脚步终会到达。"

六、指导教师评语

该项目小组在这一年来认真阅读有关书籍并学习相关软件，积极性高，项目进展符合预期，实用性强。

项目名称：基于 ZigBee 的无线电子鼻的 研发和远程监控系统

项目分类： 实物
完成时间： 2014 年
指导教师： 邵小桃
项目成员： 芦 威 黄邦彦 付昊辉

一、项目简介

传统电子鼻只针对小空间范围，不适用于远程监测和多点监测，特别是无法在运输途中对水果进行监测，而且存在维护成本高、系统可扩展性和可移动性差等缺点。研究电子鼻的目的是：使其更好地适用于远程监测和多点监测，同时尽量降低其开发成本和维护成本。

而相比于蓝牙，ZigBee 的优势是低能耗和自组网，这决定了 ZigBee 未来的巨大发展空间。本项目的主要研究内容如下。
① ZigBee 无线传输模块设计。
② 多路采集传感网络的研究及设计。
③ 传输数据标定和检测报警软件开发。

二、成员合照和作品照片

三、项目创新点

① 可以检测各种气体浓度，并实现一定距离的无线传输。
② 可以检测酒驾酒精浓度，并将结果传送至车载计算机上。

四、项目应用场景

① 可以用来检测各种气体浓度，并实现一定距离的无线传输。
② 可以用来检测酒驾酒精浓度，并将结果传送至车载计算机上。
③ 可以用来检测家庭煤气泄漏问题。

五、心得体会

芦威："本次大创很好地锻炼了我们合作的能力。"
黄邦彦："这次大创给我们带来了巨大的挑战和困难，我们受益匪浅。"
付昊辉："在无线传输上我们得到了更好的认识。"

六、指导教师评语

这次大学生创新实验，题目虽然不是很新，但是在 ZigBee 无线传输模块上的开发研究还是极具价值的，给同学们和自己带来了很多新的探究理念，和同学们一起研究其乐无穷。

项目名称：基于 ZigBee 自组织网通信方式下的高压接地棒监测系统实现

项目分类： 实物
完成时间： 2014 年
指导教师： 李润梅
项目成员： 汪一帆　李雨虹　王伟杰

一、项目简介

以 ZigBee 自组织网通信方式为基础在多个设备间实现组网和通信，实时监控整个电力维修区域的高压接地棒挂接情况。

二、成员合照和作品照片

 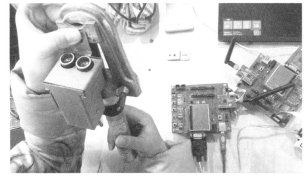

三、项目创新点

① 以 ZigBee 自组网进行通信，功耗低，传输距离远。
② 以超声波传感器来监测高压接地棒的挂接情况，方便、实用。
③ 可用于保障电力维修工作人员的人身安全。

四、项目应用场景

在电力维修工作中，当操作人员进行高压电力维修工作时，为保障人身安全，均要在输电线路的地线上挂接多个高压接地棒，以保证出现误操作时工作区域是非带电状态。但有时候由于操作人员工作疏忽，未将线夹拧紧，从而无法保证出现误操作时工作区域是非带电状态。为了便于管理人员实时监控整个电力维修区域的高压接地棒挂接情况，保障操作人员的人身安全，此套基于 ZigBee 自组织网通信方式下的高压接地棒监测系统就可以发挥作用。

五、心得体会

汪一帆："一个项目不仅仅在于能够顺利完成，还在于它能给这个社会带来怎样的贡献。"

李雨虹："真正动手去做时，才知道自己所在的领域有多强大，需要学习的还很多。"

王伟杰："这次大创实验给我带来了很多，有能力上的提高，有思维上的创新，有情谊上的收获，同时我在忙碌中也充实了自己，学到了很多东西。"

六、指导教师评语

汪一帆等三位同学面向城市高压线检测工作中所需关键安全部件——高压接地棒的使用这一实际应用需求，开发了一套基于 ZigBee 通信方式下的高压接地棒安全挂接检测设备，利用超声波等检测器实现了高压接地棒安全挂接检测，并应用 ZigBee 短距离通信能力，实现了检测数据的实时上传，项目硬件选型和设计较为合理，项目的设计功能基本实现，成果具有一定的应用性。

项目名称：基于单目视觉的车距测量方法研究及 DSP 工程实现

项目分类： 实物
完成时间： 2014 年
指导教师： 宋 飞
项目成员： 樊坦容　甘京松　刘茜希

一、项目简介

为了解决道路上车辆追尾碰撞问题，首先在对车辆制动模型进行分析的基础上得到车辆制动距离的计算公式，进而计算出车辆与前方车辆之间的安全距离。然后，从针孔模型摄像机成像的基本原理出发，推导出基于图像中车道线消失点的车距测量公式。车距测量结果只与图像中的近视场点到摄像机的实际距离有关，无须对所有的摄像机参数进行标定，从而解决了单目视觉车距测量问题。

二、作品照片

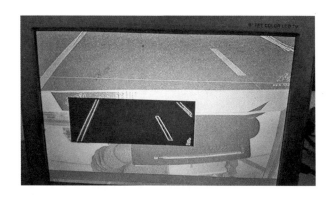

三、项目创新点

① 单摄像头价格便宜、装载方便，同时单目视觉车距测量方法简洁快速，具有更快的图像处理速度和更好的控制实时性。

② 具有小型化、功耗小、算法处理灵活等特点。

四、项目应用场景

在车辆行驶过程中，为了避免在跟车或换道时与周围车辆发生碰撞，需要对本车与其他车辆之间的车距进行测量。视觉作为行车过程中驾驶员获取外界信息的主要渠道，不仅能够

提供交通标志、交通信号、车道线标记等信息，同时周围车辆与本车之间的距离及相对速度也是驾驶员通过视觉来估计的。因此，采用机器视觉测量车距，所得到的信息量最大，也最贴近驾驶员的感知实际。

五、心得体会

樊坦容："只有实际动手操作才会认识到问题所在。"

甘京松："大创是一个不断学习新知识、运用新知识的过程。"

刘茜希："不断探索研究是进步的源泉。"

六、指导教师评语

该组同学在完成该项目时勤于思考、积极讨论、态度认真，遇到困难时及时与老师联系，研究过程中学到了知识、锻炼了能力，在项目结题时取得了不错的成果。

项目名称：基于单片机的便携式电子琴

项目分类： 实物作品
完成时间： 2014 年
指导教师： 刘 颖 李 旭
项目成员： 马 哲 刘晋辰 王 微

一、项目简介

普通的电子琴尺寸大，携带不方便，在使用的自然性和友好性等方面有一定的局限性。本项目就是要提供一种方便携带、体积轻巧，可以代替传统电子琴、面向大众的便携式电子琴。本项目通过光学手段，将电子琴键盘画面通过激光投影到任意的平面上（如桌面），并且允许操作者像使用真实电子琴键盘那样进行输入，通过操作虚拟按键实现传统电子琴的功能。

二、成员合照和作品照片

三、项目创新点

① 利用激光投影技术，实现虚拟键盘输入功能。
② 携带方便，操作简单，应用场合广泛。
③ 提出了一种与真实琴键相结合的办法，改善了用户体验。

四、项目应用场景

该电子琴方便携带、体积轻巧，可以代替传统电子琴正常工作，它是通过光学手段，将

电子琴键盘画面通过激光投影到任意的平面上（如桌面），并且允许操作者像使用真实电子琴键盘那样进行输入，通过操作虚拟按键实现传统电子琴的功能。它可以应用于家庭娱乐、电子琴爱好者入门学习等方面。

五、心得体会

马哲："参加大创，不仅可以充分体会动手实践的乐趣，还有利于我们学习能力的提高、团队精神的培养。参加大创使我成长了很多，这次经历是我人生中的一笔宝贵财富。"

刘晋辰："大创不是一个孤立的竞赛，它是同我们相关专业的课程密切结合的，是与培养自身全面素质紧密相关的。因此，我们不能把大创视为一个短期行为，而是一个长期的过程，这样我们才能学到更多、收获更多。"

王微："要想前进，就得多动手、多思考。"

六、指导教师评语

这组学生在大创进行的过程中踏实认真、一丝不苟，对自身严格要求，前后查阅了许多相关文献，对项目方案做了多次修改，也正是在这个过程中，他们的工程素养不断提升，项目质量也不断改善。我认为他们真正投入到了大创中，按质按量地完成了项目，并受益匪浅。

项目名称：基于单片机和 GSM 模块的设备防盗监测系统

项目分类： 实物作品
完成时间： 2014 年
指导教师： 崔 勇　杨世武
项目成员： 周雨欣　项敏珊　范 铎

一、项目简介

　　本项目开发了一套基于单片机和 GSM 模块的设备远程防盗监测系统，能够对无人值守设备的工作及存在状态进行实时监测。该系统主要包括设备监测终端和监测中心两个部分。设备监测终端主要包括电源模块、传感器模块、单片机处理模块和 GSM 模块。监测中心主要包括单片机处理模块、GSM 模块、显示模块和报警模块。监测终端的传感器采集设备的工作（主要为电流信号）及存在状态的信号，单片机则对采集的信号进行分析处理，然后通过 GSM 模块将信号以无线方式传给监测中心的 GSM 模块，并由显示模块实时显示。针对异常信号（设备工作状态不正常或丢失），监测中心的单片机会控制报警模块发出声光报警。

　　系统中的电源模块、传感器模块均为自行设计开发，GSM 模块、显示模块和报警模块则根据项目的具体需求采购。整个系统的程序设计包括数据处理、定时控制、报警设置、显示界面等，需要自行开发完成。

二、成员合照和作品照片

三、项目创新点

① 能同时监测设备的工作状态和存在状态。

② 监测终端具有极低的功耗，在没有外接电源的情况下，能依靠自身所带电池长时间工作。

③ 编写了合理的单片机控制程序，以实现正常情况下监测终端定时工作、定时休眠，而非正常情况下能够及时报警，从而达到既降低功耗又满足监测需要的目的。

四、项目应用场景

主要应用于工业、野外无人值守设备的防盗监测，以及目前铁路总公司提倡和推广的信号集中监测等。

五、心得体会

周雨欣："实践出真知。"

项敏珊："永不言弃。"

六、指导教师评语

该项目组成员具有较扎实的专业基础知识、良好的团队精神和较强的自学能力，基本完成了项目的既定目标。通过该项目，项目组成员在硬件集成、C51 编程等方面有了很大进步，并提高了与他人沟通协作的能力，增强了自信。

项目名称：基于电子标签的实验室设备管理系统

项目分类： 软件
完成时间： 2014 年
指导教师： 朱明强　高海林
项目成员： 朱庆广　苏润丛　汪琦鹏

一、项目简介

本项目主要利用 RFID 技术实现仪器、设备等资产的有效管理。将 RFID 应用系统与现有的仪器设备管理系统集成，充分发挥 RFID 的技术优势，解决仪器设备清查效率低下等主要问题，加强资产的有效管理。

二、成员合照和作品照片

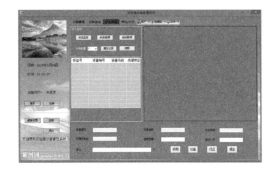

三、项目创新点

① 利用 RFID 识别距离远、稳定性高等特点，对实验室设备进行有效管理。
② 利用小型移动终端（如手机、平板电脑等便携式终端），随时随地对设备进行管理。
③ 利用组建局域网技术，将由多个实验室组成的小型实验室网络纳入统一管理。

四、项目应用场景

本项目为三位一体的设备管理系统，分别为计算机总终端、手机终端和平板电脑终端。

在计算机总终端，我们开发了数据云服务，来作为三个终端的总数据存储空间。可以把计算机放置在每个实验室的门口，当有设备需要借出与归还时，便可以在计算机上登记，在数据库中存储出借记录。此外，还可以起到监控的作用。使用时，只需开启监控模式，设备便自动监控，当有设备经过时，便会自动报警，并拍下此时门口所经过的人员，以便事后的调查。

手机终端和平板电脑终端可以在实验室的所有位置挨个清点，查看设备的具体信息及更改一些信息。所有改动后的数据都会通过网络同步到计算机总终端的数据库。

五、心得体会

朱庆广："一年的时间里我们确实付出了很多，不求尽如人意，但求无愧于心。"

苏润丛："实践出真知。"

汪琦鹏："团队的力量是巨大的！"

六、指导教师评语

本项目使用了RFID技术，通过编写程序实现了对实验室设备的管理，包括仪器设备的登记入库、设备的借出及设备的查询和防盗等。本小组同学勤学努力，经常向老师汇报项目的进展情况，在提出改进要求后积极落实，付出了辛勤的劳动。

项目名称：基于多种无线通信网络的智能居家机器人

项目分类： 实物
完成时间： 2014 年
指导教师： 刘 颖 李 旭
项目成员： 钟方威 郑天悦 赵 昊

一、项目简介

智能居家机器人是集无线通信、实时双驱、多向机械云台、视频监控、电器红外遥控、环境温湿度检测、烟雾检测、$PM_{2.5}$ 检测、人体红外感应、自主避障、智能巡逻为一体的多功能机器人。

该机器人以飞思卡尔 S12 单片机作为底层控制芯片，实现传感器信息的综合采集处理、机器人运动控制、旧手机云台角度控制、红外遥控等功能。

基于安卓系统的旧手机一方面为远程终端与机器人底层模块之间的联系提供通信连接，另一方面利用摄像头全面获取周边环境信息，同时对底层传感器信息进行再加工，提升用户体验。

二、成员合照和作品照片

三、项目创新点

① 旧手机的再利用，降低了成本，提升了智能家居机器人普及的可能性，减少了电子垃圾造成的环境污染。

② 综合运用了蓝牙、红外、WiFi、2G、3G、4G 等通信网络，实现了多种通信方式的优

势互补，最大限度地保证了远近程通信的稳定性。

③ 具有良好的用户体验和实用性，可适应于多种场合。在家中无人时，可以充当家庭安防机器人；家中有老人时，可以充当家庭保姆机器人；家中有小孩时，可以充当家庭娱乐机器人，一机多用，具有极高的性价比。

四、项目应用场景

该机器人适用于多种情景，在不同情景下扮演不同角色。

① 家庭安防机器人。在家中无人时，实现室内实时监控报警、安全防护的功能。机器人配备了红外人体感应、$PM_{2.5}$检测、烟雾感应、温湿度感应等多种传感器，用户可实时获取机器人周边的环境信息。当遇到险情时可提供报警服务，使用者接到报警后，可以立即用手机与机器人终端远程连接，实时观看现场图像。

② 家庭保姆机器人。当家中有老人时，可远程遥控机器人找到老人，可实现与老人的实时视频对话；机器人身上可以放置药品等，按时提醒老人吃药。也可以为腿脚不便的用户行使代步功能，如取文件、丢垃圾等。

③ 家庭娱乐机器人。机器人具有跳舞、唱歌等表演功能。

五、心得体会

钟方威："从最初的项目设想到功能的实现，一年的时间里，在尝试与改进中充分锻炼了软、硬件设计与调试能力，同时也对理论知识有了更加深刻的理解。"

郑天悦："这次的大创让我增长了专业知识，锻炼了各方面的能力。"

赵昊："这次大创让我将所学的理论知识运用到实践中，并更深刻地理解了理论与实践之间的密切关系。"

六、指导教师评语

该项目内容充实、工作量饱满并具有一定的创新之处，小组成员很好地完成了设计工作，达到了设计要求。

项目名称：基于计算机视觉的互动游戏开发

项目分类： 软件
完成时间： 2014 年
指导教师： 周 航
项目成员： 徐唤唤 汪 兴 许伊宁

一、项目简介

本项目基于计算机视觉技术实现对手的跟踪识别，利用计算机自带的摄像头，通过不同的手势来控制键盘，进而控制游戏，从而改变传统的交互式游戏对辅助设备的依赖，实现裸手玩游戏。

二、成员合照和作品照片

三、项目创新点

① 肤色检测算法。经过多次尝试我们发现 YCrCb 颜色空间可以减少光线对肤色的影响，肤色类聚性较好；然后我们通过一定的数学变换和实验设置出合适的阈值，可以较好地识别肤色区域。

② 模板匹配算法。虽然 OpenCV 函数库有自带的模板匹配函数 cvMatchTamplet，但它主要针对单个模板，通过滑动窗口逐块计算找出匹配度最大区域，这样计算量大且匹配度不高。而我们采用的方法是事先对每个手势拍摄若干个模板，每个模板分为 25 个小方块，计算方块内黑白比例，取平均值后存为一个矩阵。摄像头工作时对每帧图像进行同样的处理，与矩阵进行比对，当匹配度达到一定数值时即认为是该手势，这样就提高了识别率。

③ 适用性广。由于是手势控制键盘，故适用于大多数方向性较好的游戏（比如超级玛丽）。

四、项目应用场景

经过一天的劳累，想玩个游戏放松一下，打开计算机上本项目的应用程序，舞动你的双手，就可以享受游戏的乐趣了，既舒展了筋骨，又放松了心情。

五、心得体会

徐唤唤："一分耕耘一分收获，既学到了知识，又收获了友谊。"

汪兴："通过大创提高了我的编程能力，也认识到了团队合作的重要性。"

许伊宁："坚持就是胜利。"

六、指导教师评语

该团队成员对所研究的项目有着浓厚的兴趣，他们分工明确，有自学能力，善于协作沟通，具备基本的科研素质和能力。他们能够熟练地检索和整理所需的资料及信息，按预期计划进行研究，最终取得了成功。希望他们在以后的工作和学习中，继续保持并发扬刻苦钻研的精神，兢兢业业，争取取得更好的成绩。

项目名称：基于脑波传感技术的意念控制智能灯

项目分类： 实物
完成时间： 2014 年
指导教师： 周春月
项目成员： 由文琬　高塬蘅　贾海宇

一、项目简介

人脑神经细胞的频繁活动产生了脑电波。脑电波模式代表了人的思维状态，各种不同的神经活动都会产生极其轻微的放电，脑电活动与脑区域、脑状态有着密切的关系。近年来，利用脑电波实现人与外界通信已成为一种新的信息传播途径。

本项目基于不同脑波模式会产生不同振幅和频率的脑电波的原理，利用一个干式电极，从人的大脑中检测微弱的脑电信号，通过过滤周围的噪声及其他干扰，最终转化为数字信号，然后通过无线传输协议（蓝牙或 ZigBee 等）将数字信号传输到智能灯的接收设备来控制智能灯的开关、闪烁、颜色等状态，从而实现以情绪状态控制电子灯的显示模式。本项目涉及脑电波采集、处理，数字信号的无线传输（蓝牙或 ZigBee 等），多模式电子灯显示等技术。

二、成员合照和作品照片

 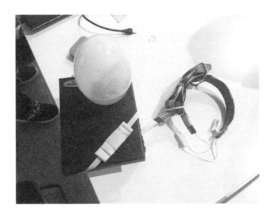

三、项目创新点

① 利用蓝牙或 ZigBee 协议实现脑电波转化后的数字控制信号的无线传输。
② 可通过情绪状态控制智能灯。

四、项目应用场景

该项目可应用于智能家居中，通过人的不同状态所产生的不同脑电波来控制智能灯的开关，即意念控制灯。同时，通过对脑电波的检测也可以实现对人的专注度及放松度的检测，进而可用于检测司机是否是疲劳驾驶等。

五、心得体会

由文琬："当我们把理论应用于实际时，才是真正的学习。"
高塬蘅："能够把自己所设想的东西变为实物，是很有成就感的一件事。"
贾海宇："虽然过程中遇到了困难，但不放弃总是会看到希望的。"

六、指导教师评语

该项目立意新颖，在成员们的共同努力下，很好地完成了任务；同学们表现出了较强的科研能力和创新热情。

项目名称：基于内容标识的拥塞控制机制

项目分类： 软件
完成时间： 2014 年
指导教师： 罗洪斌
项目成员： 陈 力 李世杰 李红祎

一、项目简介

TCP/IP 网络体系依赖 TCP 的滑动窗口机制进行拥塞控制。而在以内容为中心的网络体系架构中，用户不再是从某个固定服务器获取服务，而是从网络中任意缓存所需内容的地方获取。因此，传统 TCP 的拥塞控制机制不再适用，而必须设计新的拥塞控制机制，以满足以内容为中心的网络的拥塞控制需求。本项目的目的是探讨以内容为中心的网络的拥塞控制机制，设计相应的拥塞控制算法，通过编程实现该算法并进行演示。

二、成员合照和作品照片

 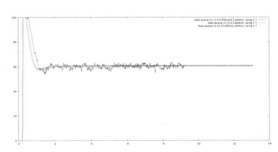

三、项目创新点

① 本项目基于以内容为中心的网络，相比于以前以 IP 为中心的网络有很大的改进。
② 本项目有属于自己的算法，并且证明了算法的正确性。

四、项目应用场景

随着用户对网络需求的增大，现在的网络结构已经逐渐不能满足用户的需求。以内容为中心的网络相比于现在的网络结构，有了很大的改进，能够很好地解决现在遇到的问题。

五、心得体会

陈力："只有认真去做，才能有收获！"
李世杰："坚持到底，必定能取得成功！"

李红祎："对待任何事情都得有个认真的态度！"

六、指导教师评语

该组同学基于内容中心网络（CCN）及其数据包发送/接收原理，在调研的基础上编程实现了 CCN 中的一种拥塞控制机制，并统计、观察了拥塞控制的效果，具有一定的创新性，达到了科研训练的目的。

项目名称：基于帕尔帖效应的温差发电机

项目分类： 实物
完成时间： 2014 年
指导教师： 佟　毅
项目成员： 于是阳　林家明　章银苹

一、项目简介

本项目的目的是依靠帕耳帖效应，制作小功率发电机，输出电压可稳定在 5 V，电流可稳定在 500 mA～1 A，可以给手机等小型电子设备充电。

二、成员合照和作品照片

三、项目创新点

① 结构简单紧凑，稳定可靠。
② 无须额外部件，绿色环保。

四、项目应用场景

适用于野外生存等没有电源但有热源的场景。

五、心得体会

于是阳："把设想做成实物需要很大努力。"
林家明："做实物作品收获很大。"
章银苹："想法变成设计需要反复的实验。"

六、指导教师评语

本项目的思想很好——绿色新能源的实际应用，完成情况也不错。以后可以在这个设计上进一步完善，比如加入更高效的散热装置、外观再优化一些、降低成本，这样还是很有市场前景的。

项目名称：基于嵌入式的智能导游器研究

项目分类： 实物
完成时间： 2014 年
指导教师： 戴胜华　李正交
项目成员： 李岩彪　徐海平　冯　顺

一、项目简介

本项目研究的智能导游系统可以感应景区中不同的 RFID 标签，自动流畅地播放景物视频。系统克服 GPS 等定位不精确的缺点，可实现 6 cm 左右的精确通信，使近物讲解成为可能；系统开发的应用程序具有良好的人机交互界面，游客在游览时，导游器识别到标签后自动播放视频并进行讲解，无须手动干预；系统功能强大，基于嵌入式 Linux 操作系统，利用网络可实现对系统的远程访问与控制，也可实现设备之间的通信。

二、成员合照

三、项目创新点

① 克服传统导游器定位技术（如 GPS、无线电、红外）的缺点，采用 RFID 标签，具有识别距离远、识别速度快、识别精度高、抗干扰能力强等优点。

② 导游器系统基于嵌入式 Linux 操作系统，可以流畅地播放视频，实现远程访问和控制。

③ 导游器主要为自动模式，无须游客干预，即可播放景物的相关介绍。

四、项目应用场景

① 本项目成果可应用于博物馆。在每个展物的展柜前贴一个 RFID 标签，游客手持导游器设备，走到展柜时设备会感应到射频标签，自动播放视频。

② 本项目成果可应用于校园介绍。当新生进入学校教学楼时，为充分了解学校教学资源和实验室开放情况，可以手持导游器设备，在进入实验室时感应到贴在门口的标签，就可以伴随着视频的播放参观实验室，走出实验室时自动停止播放。

五、心得体会

李岩彪："知学而善后用，大创为我打开了科研和实践的一扇明窗。"

徐海平："千虚不搏一实，科学纵横在我心中。"

冯顺："寓理论于实践，探索激发灵感。路漫漫，我志在齐家报国，改变世界。"

六、指导教师评语

该组成员能够很好地按照初期设想完成项目中的大部分工作。在项目进行过程中，三位同学积极学习、团结合作、善于探索、不畏困难，取得了较好的成果。该项目具有一定的创新性和商业价值。

项目名称：基于摄像头的轮式机器人智能训练系统

项目分类： 实物
完成时间： 2014 年
指导教师： 戴胜华　李正交
项目成员： 焦啸宇　胡方南　刘亚飞

一、项目简介

此系统能够在人工干预的情况下，自动对机器人程序内部的相关参数进行适应性调节，而且调节速度比人工调节要快很多，能大大提高工作效率。姿态检测系统设计成功后，可以应用于需要程序化调节参数的任意系统。理论上说，只要有足够多的资源，此系统就能找到一组最优的参数。

二、成员合照和作品照片

三、项目创新点

① 实现无轨虚拟迷宫训练，即上位机自动生成相应参数所对应的特定迷宫，在无须搭建真实迷宫的条件下，轮式机器人可沿虚拟迷宫运行，省去了搭建迷宫所需的人力、物力和时间。

② 实现无线分析，即上位机通过读取轮式机器人传回的位置坐标信息分析轮式机器人的姿态是否有问题，并给出调参策略。

③ 实现轮式机器人的无线控制，即上位机通过发送命令控制轮式机器人运行。

四、项目应用场景

在调节电脑鼠参数时，将集成的姿态获取装置安装在电脑鼠上，并配以合适的程序，通过上位机发送各种指令来控制电脑鼠运行，并对收集的姿态信息进行分析，然后通过上位机更改电脑鼠参数。

五、心得体会

焦啸宇："通过大创，学习到了很多东西，也留下了很多遗憾，总之不虚此行吧。"

刘亚飞："通过一年大创，获得的不仅仅是知识与技能，更多的是对创新源源不绝的动力。"

胡方南："这是一次非常有意义的科研体验，只可惜白驹过隙，还有许多'理想'未能实现，感谢学校和老师能给我们这样一个机会。"

六、指导教师评语

该小组成员研究态度认真，基本完成了预期的目标。大创只是一个基础平台，大创过后要总结经验，发奋努力，争取在科研之路上走得更远。

项目名称：基于摄像头的手部报文内容采集系统

项目分类： 软件
完成时间： 2014 年
指导教师： 周　航
项目成员： 李　想　万金梅　晏先锋

一、项目简介

本项目结合摄像头对目标物体进行定位，并在当时使用手势对文本信息或者图像信息进行摘录，由计算机实时识别摘录手势，对手势所指的信息内容定向保存为文本文件。该系统能够满足人们实时存储信息的要求，同时也最大限度地精简了数据，有效避免了存储数据量太大而查找有效数据复杂烦琐的问题。

二、成员合照和作品照片

三、项目创新点

① 能够结合摄像头对目标物体进行定位，并在当时利用手部移动对所需信息进行摘录。

② 由计算机实时识别手部运动路径，对手势所圈定的范围进行拍照截取，保存至文档中，能够满足人们实时存储信息的要求。

③ 最大限度地精简了数据，有效避免了存储数据量太大而查找有效数据复杂烦琐的问题，克服了传统记录方式耗时、耗力的缺点。

四、项目应用场景

对于一些转瞬即逝的信息，如正在播放的 PPT、电视画面、暂时翻阅的图书报刊等，利用我们的软件，可以直接在摄像头前对想要保存的内容进行圈定，软件会直接识别手势圈存的路径，并对路径内的内容进行定向保存，生成以时间命名的文件夹，方便以后快速查找。

五、心得体会

李想:"努力就会有收获。"

万金梅:"在实践中学习,进步才更快。"

晏先锋:"团结就是力量。"

六、指导教师评语

　　这个项目是有一定难度的,学生能够独立完成,的确不容易。学习就是一个边实践、边思考、边检验的过程,不会一帆风顺的。这个项目可以说已经达到了基本的要求,当然后期还可以进一步改善,比如精确度和如何应用到市场等方面。一分耕耘一分收获,希望以后更加努力,做得更好!

项目名称：基于数字图像处理的
智能人数识别及监控系统

项目分类： 软件
完成时间： 2014 年
指导教师： 周 航
项目成员： 颜留单 曾金捷 赵嘉欣

一、项目简介

从原始图像中识别目标并得到目标的个数，一直是数字图像处理领域的一个前沿课题。有些研究者通过综合运用各种图像处理技术，如膨胀、腐蚀、匹配、跟踪等，成功检测出了待检测区域的人数。但是这种方法只适用于背景简单的场景，而且会因为具体问题不同而对计数效果产生很大的影响。随着人工神经网络技术的发展，计算机智能识别技术为解决以上问题提供了一种新的途径。该技术通过计算机对样本的学习，让计算机掌握目标的主要特征，从而可以在图像中根据特征来提取目标对象。由于应用人工神经网络的图像识别技术需要找到合适的样本，因此本项目采用了数字图像处理技术实现对教室里的人数的智能识别及人的特定行为的监控，其中包括对图像的预处理、图像滤波、动态监测、深度神经网络学习等。

二、成员合照和作品照片

三、项目创新点

① 我们用教室中已有的监控设备进行图像采集，这样在实际投入应用后不需要对教室原有的布局做大范围调整，同时也节省了大量的成本，可操作性强。

② 我们设计了一套友好的人机交互界面对图像处理后所得到的数据进行呈现，方便使

用者获得想要的资讯。

③ 尝试在实现人数统计的功能后对不同教室的数据进行汇总，并利用教室中已有的网络环境对数据进行传输，这将有利于楼管乃至行政部门对各教室中的人员活动进行监控。

四、项目应用场景

本项目可应用于教室人数统计及监控，并且汇集人数信息，实现教室智能化管理。

五、心得体会

颜留单："在整个大创过程中，一步步走来，学会了如何把一个项目变为现实，这个经验十分难得。"

曾金捷："软件编译的过程中走了不少弯路，这次经历掌握了很多实用的技巧。"

赵嘉欣："大创的过程从无到有，一步步走来，坚持下去，相信自己能行。"

六、指导教师评语

在实现项目的过程中，同学们通过自己的努力，查阅资料，学习新的知识，克服了一个个困难，经过一年的时间，编写出了这个程序。其中数次失败、修改，这是他们宝贵的经验与财富，他们收获的比项目本身更重要。

项目名称：基于四轴飞行器的森林火灾预警系统

项目分类： 实物
完成时间： 2014 年
指导教师： 赵　翔
项目成员： 徐　晨　曾腾缠　钱明达

一、项目简介

微型飞行器在民用领域也有广泛的应用潜力，如野外作业人员的勘测、自然灾害监视与支援、环境污染监测等。

本项目将四轴飞行器运用于森林火灾预警，在一定程度上具有非常高的实用性。本项目主要完成如下工作。

① 从旋翼飞行器原理出发，借鉴文献资料，研究加装红外摄像头后对四轴飞行器姿态控制的影响及平衡控制的补偿。

② 研究 GPS 在四轴飞行器定点飞行或定点巡航中的应用，研究改进飞行器定点巡航的飞行控制与精准度。

③ 研究无人机平台与地面站预警信息的交互方式。

④ 编写上位机程序，使地面站可以对飞行器的飞行线路进行控制，接收飞行器发回的数据并进行预警，同时报告火点的位置及火场的范围。

二、成员合照和作品照片

三、项目创新点

① 运用四轴飞行器到火场上空进行监测，改变了传统的方法，减少了判断火情的费用。
② 采用了多种识别火焰的方法，如利用红外光来识别。
③ 通过四轴飞行器的定点飞行，实现了探测区域上空的全自动工作。

四、项目应用场景

本项目适用于森林之中，特别是具有一定火灾隐患的地方。对于人很难到达的地方，用四轴飞行器实时拍摄，能够及时了解是否有火灾隐患。

五、心得体会

徐晨："一年来，我们在很多方面学到了很多的东西，真的是受益匪浅。"
曾腾缠："通过紧张有序的学习、交流、研讨，对之前的一些疑惑和迷茫有了深刻理解。这次大创让我难忘。"
钱明达："天道酬勤。"

六、指导教师评语

该项目进展良好，工作量大，特别是在四轴飞行器和图像传输实时处理方面投入了相当多的时间，理解比较深刻。希望该项目能够取得更进一步的发展。

项目名称：基于通用放音设备的无线接收耳机

项目分类： 实物
完成时间： 2014 年
指导教师： 周春月
项目成员： 孙泽奇　李志清　吴沛东

一、项目简介

近两年，针对广场舞噪声带来的社会问题越来越严重，近日的新闻中又出现了居民集资购置巨额音响对抗大妈们的过激举动。此外，北、上、广等一线城市人居密度大，住房昂贵且面积小，一个人对电视、音响、手机等的贪恋常会影响到其他同住人员的休息。

本项目基于通用放音设备接口（如标准耳机接口）的无线信号发射机及配套的小型无线耳机接收器，只要带有标准耳机插口的设备均可通过发射机将音频信号传输到无线耳机接收器中，实现设备静音状态下的收听。

二、成员合照和作品照片

 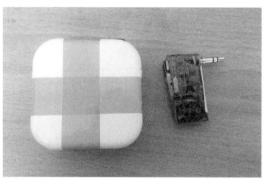

三、项目创新点

① 利用通用放音设备接口（如耳机）实现对音响、电视、计算机、手机等设备的兼容。
② 实现放音信号的无线传输与接收。
③ 可以实现音频信号的一对多传输。

四、项目应用场景

无线接收耳机可以应用在广场舞、无线监听器、家用环绕音箱的无线化等多种场合。例如，老人们在跳广场舞时，利用本项目研发的无线接收耳机，将发射端与放音设备相连，老

人们每人配发一个接收端，可以实现音乐的一发多收，从而解决扰民的问题。

五、心得体会

孙泽奇："我不仅提高了自己的创新和实践能力，同时作为负责人对于一个团队的沟通和领导也有了新的认识。"

李志清："大创让我体会到了自己设计、制作东西的乐趣。"

吴沛东："大创对于专业学习和兴趣培养有重要意义。"

六、指导教师评语

在项目的立项过程中，小组成员经历了从无到有、从基础学习到创新的成长过程，较好地实现了无线通用放音接收设备的开发研制。

项目名称：基于无线传输网络的智能家居警报系统

项目分类： 实物
完成时间： 2014 年
指导教师： 王　睿
项目成员： 董雪鹤　高　筠　张福堂

一、项目简介

　　本项目以设计一个低成本、基于 WiFi 的智能家居警报系统为目标，初步设想用于家居厨房中，能够实时监测厨房的一氧化碳等有毒有害气体的浓度并进行显示，在浓度接近危险指标时自动报警。该设备通过 WiFi 接入家庭无线网络并参与构成智能家居体系，用户的移动终端可以轻松获取当前的各种参数，并能实时收到报警信息，安全可靠。

二、成员合照和作品照片

三、项目创新点

　　① 充分利用家庭无线网络。家庭无线网络的设置和使用越来越便捷，本产品可接入家庭的 WiFi 网络，无须专门设置。
　　② 本系统的成本低，所有的功能都可以自主选择。

四、项目应用场景

　　本项目主要用于家居厨房中，能够实时监测厨房的一氧化碳等有毒有害气体的浓度并进行显示，在浓度接近危险指标时自动报警。同时，用户可以访问网络随时查询当前的监测数值。

五、心得体会

董雪鹤："成员之间要合作、包容和奉献。"

高筠："要善于记录平时的想法。"

张福堂："任何事情都不会一帆风顺，要百折不挠。"

六、指导教师评语

经过一年的辛苦与努力，终于做完了本年的大创项目，达到了预期的成果。这三名同学对于大创项目的积极性很高，经常在实验室学习、制作大创项目，但是编程能力还有待提高，望继续努力。

项目名称：基于无线通信的多功能异地感应情侣灯

项目分类： 实物
完成时间： 2014 年
指导教师： 马庆龙
项目成员： 罗轶娜　刘贝蒂　李国栋

一、项目简介

基于无线通信的多功能异地感应情侣灯由两盏灯组成，异地双方各持一盏，分别接入所在环境的 WiFi 中即可使用。两设备通过互联网通信，可以做到不考虑距离的随时通信，能方便快捷地知道对方所在环境的温度、湿度、明暗并随时传递给对方自己的心情。

二、成员合照和作品照片

三、项目创新点

① 突破了传统的通信方式。
② 通信距离不限。
③ 表达方式多样化。

四、项目应用场景

基于无线通信的多功能异地感应情侣灯的应用范围较广，不仅可供异地情侣使用，也可应用于空巢老人、医院陪护等场合。

使用双方各持一盏灯，分别接入所在环境的 WiFi 中；两灯通过互联网通信，可以做到不考虑距离的随时通信。使用者可以通过控制按下开关的时间长短来选择所亮灯光的颜色，

以此来表达心情。显示屏上会自动显示双方环境的温度和湿度。

五、心得体会

罗轶娜："欲戴王冠，必承其重。"
刘贝蒂："那些成功的花儿，不如奋斗的芽儿。"
李国栋："成长就是去不断的尝试。"

六、指导教师评语

该项目完成情况良好，已达到预期目标，实现了基于无线通信的远程控制功能，但还有一些需要改进的地方，望以后进一步完善。

项目名称：基于无线网络的路灯监控系统

项目分类： 实物
完成时间： 2014 年
指导教师： 尹逊和
项目成员： 于 昊 何魁华 李艳梅

一、项目简介

本项目以 433 M 无线模块构建的网络为基础，搭建了一个路灯监控系统，并且每个路灯设备上都集成了激光检验、光强度检测等传感器及无线通信模块。

光强度检测传感器负责检测外界的自然光强度，根据光强度可以区分白天和傍晚，再结合 PLC 的系统时钟，可以区分车辆高峰期和低谷期。激光检测传感器负责检测是否有行人或车辆通过，具体方式如下：在距离街道第一个路灯两百米处设置两对激光对射传感器，当车辆通过时两对激光对射传感器同时给出反馈信号，当行人通过时两对激光对射传感器只有其中一对给出反馈信号。

首先，通过编程及 433 M 无线模块，将 PLC 采集到的电参量送给服务器，并将其存入数据库中；然后，使用网站开发设计技术实现电参量的实时曲线绘制及数据库中历史内容的查询和删除；最后，将网站映射到网络上，通过任何一台连网的计算机登录网站，即可完成对路灯的监控。

二、成员合照和作品照片

三、项目创新点

① 采用阵列式 LED 灯，通过控制不同开关列数实现对亮度的调节，并且任何一个 LED

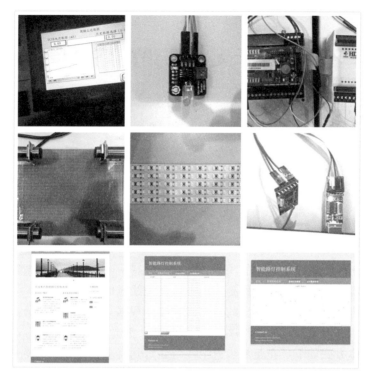

灯出现问题，服务器端都会给出警报。

② 实现了不同时间、不同情景下路灯的自动调节。

③ 可以通过网站随时随地对路灯电参量进行监控。

四、项目应用场景

根据时间和情景，对路灯的亮度调节和开关等实现自动控制：按时间划分为白天、傍晚、午夜；按情景划分为高峰期、深夜行人通过及深夜车辆通过。白天所有路灯保持常关状态；傍晚一直到高峰期结束，路灯自动开启，并将亮度开至最高；深夜，即高峰期结束后，车辆、行人较少，当无人和无车辆经过时，降低路灯亮度至最低；当有人经过时，将路灯亮度调高并持续点亮 2 分钟；当有车辆经过时，将路灯亮度调至最高并持续点亮 1 分钟。

实现路灯连网，可以通过任何一台连接互联网的计算机（或笔记本电脑）登录监控网站，在网站中可以看到电流数据的实时曲线状态图、电参量的历史记录及路灯的开关状态。

路灯旁外接 PDA，PDA 会绘制实时电参量曲线图并且对一周的数据进行储存，方便维修人员现场参考。

五、心得体会

于昊："项目的开展需要团队的合作，它不仅关系着项目的进度快慢，而且关系到这一个团队能否坚持到最后并取得一定成绩。"

何魁华："大创给了我们动手实践专业课的平台，让我们学以致用。"

李艳梅："大创期间是我上大学以来过得最充实的一段时间，也是我审视自己最多的一段时间。"

六、指导教师评语

　　该小组利用课余时间查找资料、积极思考，综合利用所学知识并发挥各自的特长和优势，经过不断尝试、改进和通力合作，很好地完成了本次的大创项目。在实际演示中，该小组实现了自然光强度的采集、昼夜的判断及路灯光强度的控制，并且也对人、车通行的情况进行了有效区分。但不得不说的是，该项目距实际应用还有一段距离，需要进一步改进。良好的开端是成功的第一步，望小组成员再接再厉，将该系统进一步改进，使部分功能达到能够实用的程度。

项目名称：基于物联网的高校开放实验室智能管理系统

项目分类： 实物
完成时间： 2014 年
指导教师： 周春月
项目成员： 肖宏宇　严韫瑶　申居尚

一、项目简介

随着高校科研实验室规模的扩增和新仪器设备的引进及日益增长的实验室开放需求，实验室管理负担越来越重，不同设备的集中也给实验室带来了越来越多的安全隐患，安全管理问题亟待解决。大型的高校实验室通常具有复杂的电气结构，管理人员需要实时掌握室内电源、空调、网络设备、服务器、PC 机、实验设备等的运行及开关状态，同时又有大量的门窗需要监控，实验室内温度、湿度、空气质量等数据也需要实时掌握。以数字化、网络化监控为基础的智能管理系统能够有效地协助实验室管理人员随时掌握设施的物理状态，及时处理潜在危机。构建一套基于物联网无线传感器技术的实验室智能管理系统具有应用上的必要性和技术上的可行性。

本项目的基本设想是以物联网技术为基础，利用分布于实验室设备设施或外部环境点上的各类无线传感器节点来实现实验室的智能化管理，通过 ZigBee 协议将采集的数据通过无线通信传输模块上传到以服务器为中心的集中监控平台及实时状态显示屏，并能够以最快和最佳的方式发出警报和提供有用信息。

二、成员合照和作品照片

三、项目创新点

① 应用物联网及传感器技术进行实验室环境、设备设施等关键安全节点的状态监控，通过对各监控节点物理状态及性能数据的采集，可以更有效地实时感知实验室的安全状况，

196

保证室内设备的安全及可靠运行。

② 传感器采集的数据可通过服务器平台存储并可以短信方式发送至管理员，达到远程实时监控的目的。

③ 采用 ZigBee 协议实现一点对多点的实时数据传输。

④ 应用数据库的相关知识，可以查询历史数据并可以选择显示项。

四、项目应用场景

目前，已开发出一套可以对实验室环境数据进行监测、控制的智能管理系统，可对实验室的情况进行实时监控，并对灯光、电风扇、加湿器等进行远程控制。同时，可按照条件查询，如时间、屋内情况等，并可按照喜好选择显示项。

五、心得体会

肖宏宇："通过这次大创，我熟练掌握了 VB 编程、数据库等知识，了解了 ZigBee 协议的应用，希望可以再参加类似的项目。"

严韫瑶："从这次大创中我了解了一个项目的构成，同时对智能家居有了一定的了解，也学习到了很多知识。参加大创不仅学到了知识，更学到了做事的方法。"

申居尚："这次大创让我学到了很多东西，不仅仅是必要的理论知识，更多的是如何处理好与组员的分工合作，希望可以有更多类似的机会来锻炼自己。"

六、指导教师评语

在小组成员的共同协作下，该小组出色地完成了基于物联网传感器技术的开放实验室智能管理系统，同时还增加了智能手机终端远程管控功能，充分体现了良好的创新能力和对新技术的执着追求。

项目名称：基于虚拟仪器的自动测试测量系统

项目分类： 软件
完成时间： 2014 年
指导教师： 赵　翔
项目成员： 戴昱磊　陈　垦　郑起凡

一、项目简介

本项目的目的是设计一款基于 LabVIEW 的虚拟仪器系统，能实现可视化编程，可以完成对被测目标的自动测量、测试，并传送至计算机由 LabVIEW 软件进行控制和处理。

二、作品照片

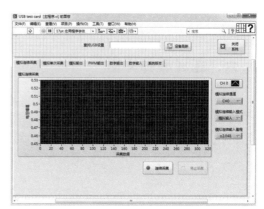

三、项目创新点

① 便携性。USB 总线供电，不需要单独电源供电。
② 实用性。快速的硬件安装及与笔记本电脑的兼容性，即插即用。
③ 交互性。操作界面简洁易懂。

四、项目应用场景

本项目可用于工业实时测量、高校电子实验应用、实验室测试应用、自动化系统应用等方面。

五、心得体会

戴昱磊："坚持与合作是做大创所必备的品质。"

陈垦："这真是一件有趣的事情。"

郑起凡："从大创中我受益颇丰。"

六、指导教师评语

通过此次大创，同学们锻炼了动手能力、思考能力，以及一些其他优秀的品质。不论最终结果如何，这个过程对每个人来说都是值得的，相信对他们来说是一次不可多得的经历。

项目名称：基于移动终端的智能家居控制系统

项目分类： 实物
完成时间： 2014 年
指导教师： 李维敏
项目成员： 杨驰航　陈　坦　邱　彬

一、项目简介

本项目是一个基于移动终端的利用自动控制技术、网络通信技术实现的"安全、方便、实时"的智能家居控制系统。系统设计时采用广泛使用的智能手机或平板电脑作为远程控制终端，通过 WiFi 及互联网实现与家中中央处理器的实时通信，用户通过操作移动终端上的软件界面对家中的电器设备、环境状态等进行设定，并通过网络发送控制命令，家中的中央控制器接收命令后进行相应操作，并将用户需要的数据通过网络返回给用户，使用户能在移动终端上随时了解家中的情况。同时当家里发生异常情况时，如天然气泄漏、火灾、入室盗窃等，可通过安全预处理系统及时处理，并在第一时间将信息告知用户。

二、成员合照和作品照片

三、项目创新点

① 引入移动终端对家居系统进行控制，方便快捷。
② 家居系统的智能化。

四、项目应用场景

本项目可以应用在熟悉的家居场合：在对家里的报警器、电器进行改造后，装上中央处理器，手机端装上 APP，便可以对家里的电器进行控制，得到报警器的信息反馈。本项目也可用在办公楼等场所。

五、心得体会

杨驰航："本次大创使我受益匪浅，我的自学能力有了很大的提高，对书本知识的认识也加深了许多。"

陈坦："纸上得来终觉浅，绝知此事要躬行。经过此次大创，让我的实践能力有了很大提高。"

邱彬："知行合一，经过这次大创，让我对这句话有了更深的理解。"

六、指导教师评语

本项目将移动终端和当前的智能家居相结合，通过移动终端随时了解家里的各种状态，并随时随地对家里的电器设备和环境状态进行控制，与传统的智能家居系统相比更具有灵活性和创新性。该系统的软件、硬件现都已完成，虽然在一些功能上还不是很完善，但已达到预期要求。

项目名称：基于智能手机的快递分拣短信速达系统

项目分类： 软件
完成时间： 2014 年
指导教师： 戴胜华　李正交
项目成员： 谭　俊　王赢逸　郭航程

一、项目简介

我们知道，快递员送快递时需要给收件人发送领取包裹的短信。本系统通过扫描条码获取收件人信息，并进行智能短信编写后发送给收件人，从而达到减轻快递员劳动强度、加快快递分拣的目的。

二、成员合照

三、项目创新点

① 运用 Google zxing 完成二维码的扫描，并通过 Web 端及 HTTP 通信获取数据库的收件人信息。

② 优化增、删、改、查语句，使每个模块都能连接到数据库。

③ 智能短信编写，并自动发送给收件人。

四、项目应用场景

快递员可以使用我们的 APP 扫描快递单号，方便、连续地给收件人发送短信，而不用手动输入收件人手机号来发送短信，减轻了快递员的工作量。

五、心得体会

谭俊："学会了 Android APP 的基本编写，收获良多。"

王赢逸："认识到完成一个软件编程的复杂性。"

郭航程："对 UI 的设计和 Photoshop 的使用有了很大提高。"

六、指导教师评语

小组成员分工明确，对项目有极高的热情，能自己查阅资料和相关文献来解决实际工作中遇到的问题，具有良好的合作精神和探究精神，并能对日常工作中的细节进行详细的记录，较好地完成了大学生创新实验要求的各项工作。

项目名称：家用新型智能加湿器

项目分类： 实物作品
完成时间： 2014 年
指导教师： 刘　颖
项目成员： 卢小雨　郑　羲　陈金珠

一、项目简介

本项目是建立在无线局域网下的一套完整的加湿系统，主要由三部分组成：湿度检测模块、手机 APP 控制模块和加湿模块。本项目是一款集湿度查询、人工控制、自动控制和定时控制为一体的家用智能加湿器。

二、成员合照和作品照片

三、项目创新点

① 将显示与控制平台移植到手机端，能够提供更加良好的用户体验。
② 能够实现远程控制，可以应用于更多的家用电器，如插座、空调等。

四、项目应用场景

北方气候干燥，尤其是冬天暖气的使用使得环境湿度较低。该系统可应用在家居、办公室及银行、火车站等场合。只要将该系统接入室内的无线局域网，用户就可以通过手机查看湿度，并根据需要对加湿器进行控制，还可以根据需要自动调节湿度。

五、心得体会

卢小雨："团队协作，共同努力；不屈不挠，越挫越勇。"
郑羲："勇于探索，敢于创新，止于至善。"
陈金珠："虽然过程比较艰辛，但是队友都很给力，让我更加坚信'没有做不到，只有想不到'。"

六、指导教师评语

该组成员团结合作，通过努力解决了项目设计过程中遇到的各种问题。通过努力与团队合作，小组成员很好地完成了大学生创新实验的各项要求，并在成果展示中得到了好评。

项目名称：静电场模拟描绘仪

项目分类： 实物
完成时间： 2014 年
指导教师： 李一玫
项目成员： 王东禹　熊壮壮　孙茜子

一、项目简介

本项目实现的功能有：在低电导率材料中建立电流场，并用探针测量电流场一些位置的电压。选定某一场点后，先测量该点与零电极之间的电压，然后利用比较器将所有场点电压与该点进行比较；将电压信息输入单片机，然后利用单片机控制与该点电位相同的点的二极管并点亮，形成一条曲线，使等位线快速可视。之前的仪器有测量时间长、测量精度低、测量数据无法储存等缺陷，需要多次测量且无法同时显示多条等位线。我们针对以上问题及仪器结构进行了改进，主要工作是研究既不采用软件计算也不采用逐点测量，而是用硬件控制系统实现一定边界条件下静电场电位分布的测量，并实现等位线的可视化。

二、作品照片

三、项目创新点

① 工程性。该项目摒弃了软件仿真这种比较虚拟的方法，更具工程性和实践性；该项目也摒弃了静电场模拟实验的传统实验方法，利用电路控制系统实现静电场的快速、高效、可视测量。

② 高效性。本项目改进了传统的打点方式，使用多根探针同时进行数据采集，缩短了实验时间，便于实验室及教学使用。

③ 精确性。在手动打点的时候，需要将纸张固定，而在测量的过程中很容易出现纸张和电场错位的情况，大大降低了测量的精确性。而我们设计的电场描绘仪不需担心此种问

题。此外，由电机控制的探针相比于传统手动探针体积更小，很容易在电机的带动下走遍电场的每个角落，更快捷地获得更多的数据，大大提高了测量的精确性。

④ 长久有效性。探针在走遍某个特定的电场之后，将每个点的数据都存储起来，因此每个电场的数据只需测量一次便可以永久保存，无须再次测量，大大提升了在教学演示等方面的效率。

四、项目应用场景

在电磁场与电磁波实验课中，学生们会通过实验了解不同电极的静电场分布情况。实验过程中要通过手动打点绘制电场等位线，误差较大且不直观具体。我们所做的静电场模拟描绘仪可以克服以上不足，将显示等位线的液晶屏与电极在视觉上重合在一起，操作简单方便，使同学们可以很直观地看到电场的分布情况，便于老师的课堂教学。

五、心得体会

王东禹："在实验室的工作虽然辛苦，但回想这一年里我们将一个项目的每个部分都研究明白，点点滴滴都理解透彻，真正做出一些成果，还是很高兴的。"

熊壮壮："在这一年的学习中，自己学到了很多书本上没有的知识，也通过查阅相关资料开拓了自己的视野。"

孙茜子："大创让我受益良多。"

六、指导教师评语

在开题的时候，三位同学对我所提出的这个项目有不错的理解和想法，提出了很多意见和细节上的建议，因此我决定让他们来完成这一项目。在整个项目进行的过程中，他们有足够的热情，也投入了很多的精力，自始至终都保证了一个良好的进度。当然他们也遇到了很多困难，但是不屈不挠，最终顺利完成了任务。相信他们在这个过程中也有一定的收获。

项目名称：老年人代步车主动防碰撞系统的研究

项目分类： 实物
完成时间： 2014 年
指导教师： 卢燕飞
项目成员： 王 帅　赵霄祥　汪 蓓

一、项目简介

随着中国迈入老龄化社会，老年人的人口比例逐年上升。因此研究老年人代步车主动防碰撞系统是一个具有现实意义的课题。本项目主要研究通过传感器的探测，及时发现代步车周围的静止障碍物或运动障碍物，通过系统的主动控制来改变代步车的运动轨迹，避免事故的发生，从而达到保证操作者安全的目的。

二、成员合照和作品照片

三、项目创新点

① 提出市场上已有商品缺陷的可行性改造。
② 遇到障碍物时系统主动介入并改变运动轨迹。

四、项目应用场景

通过红外模块对小车前后、左右运动进行控制，以此来模拟人的驾驶。代步车启动后直线前进，当前方两个传感器同时感应到障碍物时，说明前方障碍不可绕过，小车停止并发出警报；当左侧传感器感应到前方障碍物时，说明小车可以从右侧绕过障碍物，控制小车车轮，改变运动轨迹，绕过障碍物；当右侧传感器感应到障碍物时，运动同上，并都有蜂鸣警告功能；如果侧面的两个传感器均检测到障碍物，说明小车进入狭窄环境，减速并蜂鸣；在后面同样有传感器，用于小车倒车距离过近时警告、减速。

五、心得体会

王帅："科研项目的研究，绝不是一个人的努力，而是团队的付出。"

赵霄祥："科学创造是需要耐心的。"

汪蓓："实验与设想是有一定差距的，要通过不断调试与改进逐步实现。"

六、指导教师评语

通过一个有意义的创新项目，实现了学以致用，也认识到了理想与现实的差距。总体来说项目实现了预期的基本目标，但是还需进一步完善，在系统可靠性和稳定性上还需努力。

项目名称：列车广义舒适度测试仪

项目分类： 实物
完成时间： 2014 年
指导教师： 戴胜华　李正交
项目成员： 李诗伟　吴楚婷

一、项目简介

本项目设计并制作了列车广义舒适度测试仪硬件实物，其具有功耗小、价格低、可便携、满足测量精度需求等优点，将振动加速度、温度、湿度、照度、压力、噪声、空气质量7项传感器综合在一起进行数据测量，测量后的数据被转换成单项舒适度，再经广义舒适度评定方法加权得到最终的广义舒适度。各个单项舒适度及广义舒适度的值一方面通过串口传给上位机绘制出舒适度变化曲线图，另一方面无线传输到手持设备上，在 LCD 屏幕上显示出来。同时改进了高速列车综合舒适度的客观评定方法，综合了 7 个影响因素，采用参考已有模型、问卷发放、对铁路工作人员的咨询及实测调研等方法确定各项因素所占比例，形成了一套完整的列车广义舒适度测试系统。该系统具有实时测评列车运行环境的舒适度、存储实测数据并分析数据、提供提高舒适度的方法、对恶劣环境进行预警等功能，不仅可以实时监测运行列车的舒适度，还可用来评估试运行列车的舒适度。本项目利用此系统进一步探究列车运行时存在的一些影响旅客舒适度的问题，通过对原始数据进行处理、分析，得出结论，可以为提高列车舒适度提供参考性意见。

二、作品照片

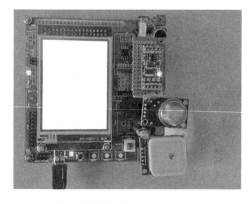 

三、项目创新点

① 集 7 种传感器于一体，充分考虑了精度、功耗、价格等多方面因素，使设计出的硬件更有利于投向市场。

② 结合当下列车运行发展的实际情况，经过实地考察、调研，重新拟定列车广义舒适度评定的加权系数值，使测评方法更加完善、具体。

③ 应用制作出的测评系统进行实地探究，发现测量值与调研值非常接近。

四、项目应用场景

本项目主要用于对列车舒适度环境进行实时监测评估，并为提高列车舒适度提供数据支撑。该舒适度测试仪可以有两种工作模式：一种是测量部分和显示部分在一起，可以测得当前位置广义舒适度的值；另一种是将测量部分安装在某一特定的位置上，测量值通过无线模块传输给终端设备并显示。如果想知道当前列车舒适度的变化情况，可以通过串口通信将数据传送给上位机，绘制出列车舒适度变化曲线图。

五、心得体会

吴楚婷："在项目中锻炼了动手能力，对于思考问题的方式、方法有了更全面的理解，同时也意识到两个人配合的重要性，受益匪浅。"

李诗伟："通过本次项目，我学到了很多东西，从焊接硬件到编写软件，整个过程艰难却充满挑战，收获颇丰。"

六、指导教师评语

该项目改进了高速列车综合舒适度的客观评定方法，综合了振动加速度、温度、湿度、照度、压力、噪声、空气质量 7 个影响因素，形成了一套完整的列车广义舒适度测试系统，具有较大的实用价值。同时，随着铁路列车运行速度的不断提高和乘车环境的逐步优化，人们越来越倾向于这种相对安全便捷的交通方式，因此该项目具有较好的应用前景。

项目名称：列车控制算法测试与验证系统

作品分类： 实物
完成时间： 2014 年
指导教师： 孙绪彬
项目成员： 高　鹏　付缅言　张子晗

一、项目简介

本项目主要是开发轨道交通测试与验证系统，建立典型列车动力学模型及列车运行阻力模型，结合实验室已有的列车仿真平台，实现列车运行仿真。同时，进一步分析列车控制算法的适用性，分析列车控制算法在不同天气条件下的性能，通过分析对列车控制算法进行评价。

二、作品照片

三、项目创新点

① 列车控制算法测试与验证系统可提高控制算法开发进度，为列车控制算法应用奠定基础。

② 测试与验证环境是可组态的，使得列车控制算法测试与验证系统更加灵活。

四、项目应用场景

这个项目主要用来测试列车控制算法的合理性，因为开发板内已经写入了国内主流的控制算法，场景库中也有大量的场景信息可以用来模拟，结合上位机的典型列车动力学模型及列车运行阻力模型，以及实验室已有的列车仿真平台，实现列车运行仿真。

五、心得体会

高鹏："这一年的工作让我学到了不少关于实际列车运行控制的知识，以及一些编程方面的知识，收获很大。"

付缅言："我觉得列车控制算法部分的计算特别有意思，特别是结合再生能源的列车功耗计算让我大开眼界。"

张子晗："这一年我的硬件水平提升非常大，对 ARM 开发板有了更加深入的了解，今后还要多学习这方面的知识。"

六、指导教师评语

本项目选题符合实际需求，三名成员积极主动，设计并完成了列车控制算法测试与验证系统实物。该系统允许用户基于 ARM 硬件环境设计控制算法，并实现列车控制算法的半实物测试。软件部分支持列车控制算法和测试环境的任意配置，以验证不同算法或不同控制参数在不同列车运行环境下的有效性。这种测试方法更符合实际列车控制算法的开发流程，可加快列车控制算法的开发。

项目名称：列车司机疲劳驾驶监测系统

项目分类： 实物
完成时间： 2014 年
指导教师： 戴胜华　李正交
项目成员： 邢　昊　赵佃臻　牟文婷

一、项目简介

本项目利用基于图像处理技术的视线方向识别、跟踪方法，通过近红外光线在眼睛角膜反射产生的光斑与瞳孔中心的位置关系来确定视线方向，推导出人眼眨眼频率和眼皮覆盖眼睛的百分比，依据相关标准及实测结果给出列车司机疲劳程度，对危及行车安全的疲劳状况进行记录和报警。

通过人脸人眼训练库与摄像机捕捉的图像进行对比，检测出眼睛区域并框出，最后将眼部区域图像送至图像处理程序。

计算机将捕捉到的图像进行二值化处理，计算图像灰度值；利用 percols 算法计算疲劳程度，系统根据疲劳程度，进行报警及制动辅助。

二、成员合照和作品照片

三、项目创新点

① 弥补了当前高速铁路对于司机疲劳度判断方式的空缺。
② 采用基于面积积分的灰度值计算方法计算疲劳度。
③ 优化人脸识别速度，每帧 10 ms 左右。

四、项目应用场景

本项目通过实时的人脸监测和眼部图像处理来监测列车司机的疲劳程度。其实用性在于可判断司机的疲劳状态，并于危机时发出警报。因此产品可应用于列车司机驾驶间，也可用于私家车中。

五、心得体会

邢昊："无数的汗水、欢笑、郁闷和兴奋筑起了大学这难忘的一年。感谢大创，感谢所有的人。"

赵佃臻："一段经历，一段回忆，难忘大创时光。"

牟文婷："通过大创，我不仅提高了专业技能，更增加了我的组织能力和表达能力，宝贵的经历不可多得。"

项目名称：轮式机器人物体搬运的制作及无线网络协调控制

作品分类： 实物作品
完成时间： 2014 年
指导教师： 尹逊和　董　春
项目成员： 幸亚东　冯　禹　张维

一、项目简介

本项目旨在制作轮式移动机器人小车，并对多个轮式机器人的无线网络协调控制进行初步研究，使多个轮式机器人能共同完成一项较为复杂的任务。比如，两个轮式机器人同时举起一根木条或者三个轮式机器人举起一块木板，并把它们放到指定位置，或者搬运一段距离再放回原位置，其中的路径可以是直线形、S 形、圆形等。

二、成员合照和作品照片

三、项目创新点

① 多数情况下研究的轮式机器人的行走路径是固定的，而本项目中轮式机器人的行走路径不是预先指定的，而是根据实际情况进行自主选择和优化。

② 本项目对轮式机器人采取了协调编队控制，运用智能算法设计控制器，实现轮式机器人之间的协调行进，并在行进的过程中不断调整方向及行进路线，保证任务顺利完成。

③ WiFi 实时通信和延时通信结合。

四、项目应用场景

自然灾害之后，原本的道路有可能被破坏，这时派出第一辆车进行道路勘探和记录，计算出可行道路的数据；第二辆救援车接受道路信息沿道路前进；第三辆车实时接收第二辆车的行进路线数据并跟随第二辆车前进。现实中可以将第一辆车设计成低成本小型车，第二辆车为救援车，第三辆车为运输车辆或搭载摄像设备车辆。

五、心得体会

冯禹："成功建立在不断的失败与调试之上。"
幸亚东："成功来源于一次次失败的积累。"
张维："理论联系实际才能做出好的作品。"

六、指导教师评语

该小组灵活运用所学知识，认真分析、积极思考，成功地组装、制作了轮式移动机器人小车，并且基本完成了多个轮式机器人间的无线网络协调控制。在实际演示中，该小组比较成功地展示了轮式机器人通过无线网络实现轨迹规划与跟踪的情景。尽管存在瑕疵，但学以致用的精神可贵。望该小组总结经验教训，不断学习，再接再厉。

项目名称：盲道识别车

项目分类：实物
完成时间：2014 年
指导教师：陈后金　陈　新
项目成员：陈　伟　冯　波　韩　冰

一、项目简介

目前国内外市场上并没有一体化的盲人导盲系统，只有很少独立的小产品，而基于盲文实现的点显器也多局限在设计的方案和构思上，使得整个点显器价格过高，不能满足普通盲人的价格支出。因此我们想在已有盲文点显器的基础上，加入盲道识别车（电子导盲犬），实现对盲道的检测、识别等基本功能，形成一个一体化的导盲系统。

通过盲道识别车可以识别盲道，判断障碍物，并与盲文点显器连接进行信息传递和通信，从而完成盲文信息的传输、收发等功能。

二、成员合照和作品照片

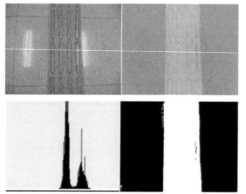

三、项目创新点

① 可以完成盲道寻找和路径规划。

② 配备随速系统（电子导盲犬的速度根据盲人速度自动调整）。

③ 可以识别路标并安全引导，自动避障。

④ 遇到突发情况会触发应急报警处理系统。

四、项目应用场景

盲道识别车可以作为引导盲人外出行走的辅助工具，帮助盲人寻找盲道并引导盲人遵循盲道行走，同时也可以作为信息采集工具，通过盲文显示反馈给盲人道路信息。

五、心得体会

陈伟："细心、耐心、信心。"

冯波："永不言弃。"

韩冰："自信、自律、自强。"

六、指导教师评语

小组成员积极认真地完成了自己的工作，并且以端正的态度，虚心学习自己不懂的知识。

北京交通大学

项目名称：面向 5G 移动通信的智能大规模天线系统

项目分类： 论文
完成时间： 2014 年
指导教师： 赵友平　李修函
项目成员： 刘　粤　李　晋　吴　上

一、项目简介

首先我们要知道什么是 5G。5G 不是因为提速而提速，而是因为有了更大的网络流量需求。5G 网络除了能使人与人之间实现无缝对接外，还能够加强"人与物"及"物与物"之间的高速连接，而这就需要创建一个新的数字生态系统，同时网络流量也将呈爆发性增长。基于 5G 网络的以上特点，我们认为相比 4G 网络，发展 5G 网络不仅需要软件的革新，更需要硬件的革新，即大规模天线技术。

为了达到这个目标，我们计划设计模块化天线，即将天线小型化，每一个模块构造相同，在使用时根据需求确定使用模块天线的数量。我们计划设计天线辐射跟随终端，使辐射最强的主瓣部分始终跟随使用网络的终端，从而达到辐射能量的最高效利用。用模块化天线取代现有的室外大型天线，能高效利用辐射能量，同时也能增强室内信号。

二、成员合照和作品照片

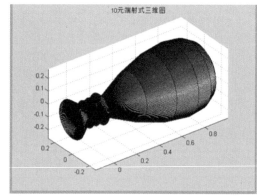

三、项目创新点

① 采用基于问题的研究方法，融合了认知无线电、5G 移动通信等新兴技术。
② 重新设计智能天线。

四、项目应用场景

室内通信：将天线铺在墙上，能有效保证通话质量及信号强度。

五、心得体会

刘粤："通过这次大创，我学到了很多知识。"

李晋："在仿真与实践中学到了很多东西。"

吴上："通过这次大创，不仅学到了知识，更学习到了科研精神。"

六、指导教师评语

在近一年的研究过程中，这三名同学认真学习相关知识，努力研究，通过自身学习、教师引导、小组讨论等一步步按计划执行并最终实现目标。这三名同学充分发挥了大学生创新精神，认真完成了项目。

北京交通大学

项目名称：面向 iOS 系统的校园社交网络 电子商务平台的开发

项目分类： 软件
完成时间： 2014 年
指导教师： 霍 炎
项目成员： 赵博睿 赵嘉男 孙 军

一、项目简介

为满足大学生群体日益增长的社交活动和物品交易需求，我们开发出一款面向 iOS 系统的校园社交网络电子商务平台。

该平台是一款基于移动端的创新性应用产品，融合了社交网络与交易平台的优势，引入 O2O（线上到线下）模式，采用线上发布商品、线下在校园内面对面交易的方式，并以线下物品交易为媒介。该平台能让学生方便快捷地查询到目前校园内自己感兴趣的物品，了解具体的物品信息、卖家信息，并可以找到兴趣相同的同学进行实时聊天与交友等，同时也为自主创业的卖家提供了市场需求，为校园商业提供了一个新的探索平台。

二、成员合照和作品照片

三、项目创新点

① 该平台基于 iOS 系统开发，属于当今智能手机开发的前沿领域。

② 该平台定位于大学校园，通过引入 O2O（线上到线下）模式，融合了社交网络与交易平台的优势，克服了淘宝、亚马逊等网络交易平台不能进行实体交易的弊端。该平台在保障大学生消费者根本利益的同时，还为大学生自主创业提供了一个方便的途径，为自主创业的卖家提供了市场需求，为校园商业提供了一个新的探索。

③ 该项目所搭建的校园社交网络平台也可以借助校园无线局域网，为通信系统方向后续的科研工作提供一个良好的实验平台，比如构建移动模型、后期模拟网络协议等。

四、项目应用场景

想要出售物品的学生在发布商品模块中输入发布物品的名称、价格、详细的物品描述及实物照片，即可完成商品的发布。

想要购买物品的学生可以在搜索商品模块中按照自己的需求输入对应物品的名称，物品名称会上传至应用服务器，利用 MySQL 的检索功能返回搜索结果，显示在地图上，并且以表单的形式一一列出。

五、心得体会

赵博睿："有志者事竟成。"

赵嘉男："团结力量大。"

孙军："天道酬勤，贵在坚持。"

六、指导教师评语

在电子设备高速发展的今天，该项目依托 iOS 平台，满足了校园内大部分手机用户的社交与物品交易需求，有良好的发展前景。

项目名称：汽车油箱的油量测量和提示装置

项目分类： 实物
完成时间： 2014 年
指导教师： 李一玫
项目成员： 杨美皓　王　铎　陈凯征

一、项目简介

当汽车油量低到警戒线时，汽车会发出报警声，但具体还能行驶多少公里，一般靠经验判断。本项目希望精确测量油箱的余量，并通过电容传感器建立模拟电路，对汽车内油箱的油量进行准确监测，使汽车在油量较低时能及时提醒车主，并通过 MSP430 液晶显示屏和灯光提示电路进行提示。

二、成员合照和作品照片

三、项目创新点

① 利用电容式传感器工作原理实现油量的准确测量。
② 选用二线制表头进行测量，可以在不同的条件（如温度、材料等）下更改显示的数值，并保证显示正确。
③ 利用继电器电路完成灯光报警提示，可以更改控制电压并由车主自助选择提示范围。

四、项目应用场景

目前的汽车中可以选用电容式传感器对剩余油量进行测量，但需要考虑振动、温度、工作条件等多方面的因素，以保证测量的准确性。

五、心得体会

杨美皓："我在大创实验中学到了很多，提出了很多想法，也有着不少尝试，尽管最后的实验不如初期设想，但最有意义的就是在大创中有所收获。"

王铎："通过大创使自己对单片机的理解更加深入，增加了团队的凝聚力与合作能力。"

陈凯征："由于大创的原因，我自学了单片机原理、电路分析等课程并受益匪浅，知道了大创是一项锻炼人的活动。"

六、指导教师评语

该项目具有实用性。该小组以所学内容为基础，对项目的实现做了系统设计和实施，基本上达到了预期效果，完成了从理论到实践的转化。部分模块功能虽不够完善，但理论和实践上可行，需后续进一步完善。

北京交通大学

项目名称：球式平衡结构的驱动电路设计

项目分类： 实物
完成时间： 2014 年
指导教师： 陈 新
项目成员： 刘少强 赵康俊 伍源培

一、项目简介

本项目的目标是制作一台可以在球上平衡的机器人，并以此为平台进行拓展。本项目采用三轮驱动球的结构使机器人能够在不同尺寸的球上稳定站立。

二、成员合照和作品照片

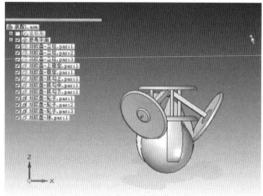

三、项目创新点

① 球式机器人采用 3 个电机 3 方位驱动，车身重心倒置于球上方，通过运动保持平衡。
② 运动灵活，适合狭窄道路。
③ 解决了目前市场上两轮机器人在狭窄空间中的转向问题。

四、项目应用场景

移动显示器：可用于图书馆、办公楼等场合。
跟随挂架：可用于医院等服务机构。
小型摩托车：运动更灵活，适用于个人。

五、心得体会

刘少强："一分耕耘一分收获，只有努力才会有好结果。"
赵康俊："收获不小。"
伍源培："知识是日积月累的，能力是渐渐提高的。"

六、指导教师评语

该项目涉及控制算法和机械设计，属于学科交叉项目，几名同学在项目进展过程中团结合作、互相学习，虽然最终没有达到预期的效果，但是相信这一年的努力会成为他们一生中宝贵的财富。

项目名称：人力脚踏自发电地毯

作品分类： 实物
完成时间： 2014 年
指导教师： 刘 颖 李 旭
项目成员： 董蜀黔 鲁广成 涂 哲

一、项目简介

人力脚踏自发电地毯是通过地毯的发电模块（主要由压电陶瓷构成），将人脚踏地毯的能量储存在地毯的蓄电模块中，从而实现向外供电的功能。在本项目中，为方便展示，使用了由 LED 灯组成的图案作为供电对象。

二、作品照片

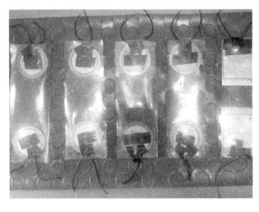 

三、项目创新点

① 将人走动时的机械能转化为电能。
② 系统收集平时忽视的能源，即微能量，有利于发挥能量的最大作用。
③ 能量来源广，无污染。

四、项目应用场景

本项目适用于火车站、广场等人流量较大的场所，通过搜集人们踩踏发电地毯产生的能量并将其储存，为电器供电或作为应急备用电源。

五、心得体会

董蜀黔："这次的经历让我受益很多。这是我首次负责一个项目，需要考虑很多方面，需要解决很多问题，幸好在队友的帮助和老师的指导下顺利完成了项目。"

鲁广成："从立项到结题，我们遇到了很多困难，能有今天的成果与成员的辛勤付出是分不开的，感谢我的队友们，感谢大创。"

涂哲："从完善到创新，是自己进步的过程，说明自己有信心、有能力迎接挑战。"

六、指导教师评语

该小组按期完成了大创任务书中的各项要求，小组同学在大创过程中团结合作，在业务水平、创新思维等方面均得到了提升。

项目名称：室内环境监控与智能识别系统

项目分类： 实物
完成时间： 2014 年
指导教师： 周 航
项目成员： 孔 明 董 浩 易 京

一、项目简介

室内环境监控与智能识别系统能够将室内环境参数可视化，不仅提高了家居舒适度，而且在保证舒适度的同时达到了节能的目的。

二、成员合照和作品照片

 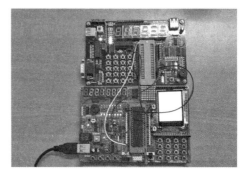

三、项目创新点

① 使室内光照强度保持在一定的舒适范围内。

② 通过百叶窗叶片的转动控制采光量。

③ 通过单片机对温度与光照强度进行可视化处理，并且可以随意改变温度与光照强度的设定值。

四、项目应用场景

该系统可以用于一般家庭。家庭安装单片机控制的百叶窗，通过适配器供电，便可进行智能调节。家庭人员可以根据实际情况自行设定基准光照值。

五、心得体会

孔明："通过大创，我学会了与队友协同合作，共同实现预期目标。"

董浩："团队分工合作，学到了很多东西！"

易京："大创让我学会了合作，也掌握了一些技术。"

六、指导教师评语

该组学生团队意识强，分工明确，能够按时完成组长安排的任务，严格按照时间表完成任务。相信三位同学能够从这次大创中学到很多东西。

项目名称：室内噪声过高自动提醒系统

项目分类： 实物
完成时间： 2014 年
指导教师： 钱满义
项目成员： 金夏垚　洪恩杯　焦雍堡

一、项目简介

在图书馆、自习室等需要安静的场所，当噪声分贝超过设定分贝时，该系统会主动提醒"请注意保持安静，以免影响他人"。该系统有助于维持安静的环境，保障人们获得一个安静的空间。

二、成员合照和作品照片

 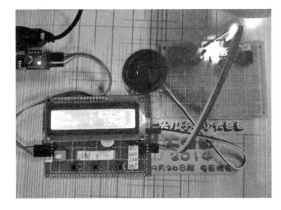

三、项目创新点

① 加入了噪声报警或提醒系统。
② 不同情况下可以用不同的提醒方式，适用于不同场合。
③ 通过改进检测算法，使其可以安置于大型阅览室、宿舍等场所。

四、项目应用场景

在宿舍、教室等需要安静的场所，当有人不自觉地发出噪声影响他人而被影响者不好意思提出抗议时，该系统会自动提醒，从而解决困扰。

五、心得体会

金夏垚："这次大创，尝试了使用单片机解决生活中的问题。"

洪恩杯："学会了软件、硬件的相互配合。"

焦雍堡："对于数电、模电的理论进行了实际应用，搭建了实际可行的电路。"

六、指导教师评语

该小组很好地完成了大创的任务，有一定的独立科研能力，成果具有一定的应用价值。

项目名称：四轴飞行器地面测控平台

项目分类： 实物
完成时间： 2014 年
指导教师： 闻 跃
项目成员： 齐 星　荆培佩　雷 佳

一、项目简介

在大学生各类竞赛和创新实验中有很多有关智能控制和运用研究的项目，这些项目中一个关键的需求就是将飞行状态、传感器数据和应用相关数据等通过无线手段传回地面，以便采集、分析、显示和记录。

本项目采用基于嵌入式系统技术构造多旋翼无人机地面站，以此来配合已有的和准备进行的多旋翼无人机创新实验项目，为这些项目提供更丰富的实时状态数据显示，从而构成高水平的地面测控和数据采集系统。

二、成员合照和作品照片

三、项目创新点

① 地面设备不是采用传统的计算机，而是采用便于携带的手持系统。

② 本项目使用无线数据传输的方法将接收到的飞行数据传给地面，增强了实用性，有利于对现场进行实时数据分析和调试。

③ 地面站软件设计采用 QT 程序框架，提供了友好的操控界面、丰富的数据表现形式，包括实时数字、曲线、控件和图像等。

四、项目应用场景

将本项目的成果与小型飞行器结合在一起，能够实现飞行器数据的传输，便于实时监控飞行器的情况，接收来自飞行器状态的信息及有效载荷，避免因飞行器状态不佳而发生意外，尽快对可能发生的情况采取措施。

五、心得体会

齐星："项目的开展需要团队的合作、交流，作为负责人，最开心的就是每个成员都发挥了各自的长处，使项目开展得很顺利。"

荆培佩："项目的开展需要自主的学习，这是我参加大创项目最大的收获。"

雷佳："我体会最深的是要勤于思考，要善于从不同的角度分析问题，我想这也正是大创这个项目的意义所在吧。"

六、指导教师评语

该小组在资料消化、交叉环境搭建和编程、与其他小组合作确定实际功能和数据方面做了很多工作。该小组在整个过程中摸索到了具体的思路，发现了难点，熟悉了对软件改造的方法，这些对后续工作有一定的参考价值。

由于项目的实际难度和工作量超过了最初的预想，工作重点也有所调整，最初预想的图像传输功能没有实现。此外，作为手持设备，操控界面仍不算理想，后续应该在硬件设计、软件功能与操控界面方面进一步改进。

项目名称：图像特征的多尺度、多方向快速提取

项目分类： 软件
完成时间： 2014 年
指导教师： 申 艳
项目成员： 肖东健 逄 慧

一、项目简介

本项目提出了一种新的图像特征提取方法。该方法基于 Contourlet 变换。Contourlet 变换是拉普拉斯塔式滤波器结构和二维方向滤波器组结合而成的二层滤波器组结构，但是由于算法复杂，目前还没有有效的快速算法。本项目针对该问题进行深入研究，提出了一种快速提取图像特征的方法，能够有效、快速地提取我们感兴趣的目标特征信息。该算法可结合压缩感知等优化方法实现对图像的快速超分辨率重建。

二、作品照片

三、项目创新点

① 对算法复杂的 Contourlet 变换进行改进，实现对图像特征的多尺度、多方向的快速提取。

② 结合压缩感知，可实现超分辨率重建。

四、项目应用场景

本项目研究的方法应用于自然科学基金青年项目——基于压缩感知的多尺度乳腺 X 线图像超分辨率重建方法研究，结合超分辨率重建方法，基于相应的硬件设施对使用者感兴趣的图像特征进行提取，做相应的分析及处理后用超分辨率重建方法对图像进行重建，得出使用者希望得到的结果。

五、心得体会

肖东健："天道酬勤，没有付出就没有收获，做科研就应该不断努力，相信自己一定能做到！"

逄慧："做项目极大地提高了我的编程水平和检索资料的能力，让我更有自信解决今后学习和工作中遇到的难题。"

六、指导教师评语

该组学生勤奋好学、踏实肯干，遇到难题积极思考并广泛查阅资料，能够将查阅资料得到的知识灵活应用到具体的工作中。经过本次大创，他们对于图像处理的算法和 Matlab 图像方面的仿真有了比较熟练的掌握。

项目名称：微型激光雕刻机

项目分类： 实物
完成时间： 2014 年
指导教师： 王 睿
项目成员： 杨 晴 桑 杰 刘子扬

一、项目简介

微型激光雕刻机大大降低了成本，在雕刻的准确度和精度上能满足大众的需求。本项目通过对废旧光驱的改装及亚克力板的搭建，形成了雕刻机的基本框架；通过单片机、步进电机及转串口工具，在计算机的控制下完成雕刻过程。

二、成员合照和作品照片

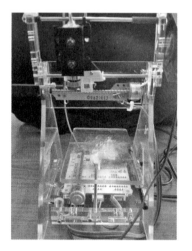

三、项目创新点

① 体积小。一体化框架结构，大幅缩减体积。
② 成本低。
③ 可脱离计算机单独使用。

四、项目应用场景

激光雕刻机虽已存在，但造价高、体积大，不易携带，主要用于工业生产，较少走入日常生活。本项目将激光雕刻机体积减小，成本降低，可用于生活中小物品（如木制品等）的雕刻。

五、心得体会

杨晴："少年负壮气，奋烈自有时。"
桑杰："走一步，再走一步，永不停歇。"
刘子扬："不耻最后，只要驰而不息。"

六、指导教师评语

尽管困难重重，该小组还是出色地完成了我布置给他们的任务，可以感受到他们对知识的渴望及对此次项目的重视。

项目名称：文本提示型说话人辨认系统

项目分类： 软件
完成时间： 2014 年
指导教师： 周 航
项目成员： 敖 巍 王辰月

一、项目简介

本项目主要是对说话人辨认的研究，也就是根据说话人的声音判断说话人的身份。首先，为访问用户提供一段话，让用户按这段话进行录音；然后系统自动提取用户的声纹信息，自动匹配，自动判断用户的身份。我们研究的重点是建立一个完整的说话人辨认模型，提出新的特征提取算法、匹配算法。我们用 C#语言编写了一个 Windows 应用程序，不仅实现了上述算法和功能，还具有账户编辑、特征提取、添加账户的功能，软件可以直接在实际中应用。

二、成员合照和作品照片

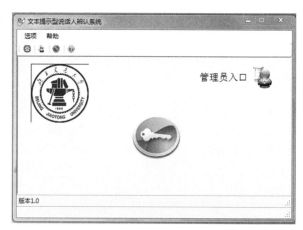

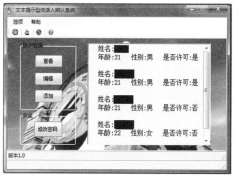

三、项目创新点

① 建立了一个完整的说话人辨认模型。

② 提出了 Mel 域滤波器组的设计方法，在滤波器的设计中引入了频域滤波技术。

③ 设计了全新的识别算法，该算法识别率极高、鲁棒性好、抗噪性能好。

四、项目应用场景

本项目可以应用于某些辅助语音服务中，如智能家居、智能玩具、门禁系统等。比如，某人是某公司的注册用户，我们可以提前录入他的声音信息。当该用户再次需要服务的时候，如果服务请求是打电话或者互联网语音的形式，系统就可以自动判断用户的身份，从而提高服务效率，改善用户体验，提供更加个性化的服务。

五、心得体会

敖巍："软件实现并不简单。"

王辰月："数学、专业、编程，缺一不可。"

六、指导教师评语

总体来说项目完成得较好，绝大部分设定的目标都已经完成。这个大创项目的主要难点在于项目的理论性和实践性都较强。在理论研究方面，运用了数字信号处理的知识、概率论的知识、随机过程的知识，以及线性代数的知识。

项目名称：无人机巡线

项目分类： 实物
完成时间： 2014 年
指导教师： 赵　翔
项目成员： 赵金梦　山　涛

一、项目简介

架空电力线路的覆盖区域广、穿越区域地形复杂并且自然环境恶劣，电力线、杆塔长期在野外暴露，不断受到机械张力、材料老化、雷击等外界因素的损害，容易导致断线、腐蚀、绝缘层破损、杆塔倾斜等故障的发生，如不及时发现并进行修复、更换，最终会严重威胁电力系统的安全和稳定。

为了掌握线路的运行状况和及时排除线路的潜在隐患，电力部门每年都要花费巨大的人力和物力进行巡线工作。现阶段运用最广泛的巡线方法是人工定期巡线，这种方法不仅劳动强度大，而且耗时多，效率低下，有些线路段受制于地形因素甚至无法巡检。无人机技术的发展为架空电力线路的巡线提供了新的移动平台。将无人机技术应用于电力线路巡检，可以大大减轻电力巡线的人力投入，同时又能快速、安全地对线路实施巡检，是一个很有前途的研究方向，并且具有重要的实用价值。

在无人机飞行过程中，摄像头获取地面状态的图像并经过图像传输模块将视频传至计算机，实现实时观测地面状况，继而改变飞行器的飞行状态，实现巡线功能。在飞机上也可以装上各种传感器，以实现更多的功能。这种技术正成为山区电力维修检测的重要手段，将来肯定会取代人工巡线成为电力巡线的基本方式。

二、成员合照和作品照片

三、项目创新点

① 无人机巡线高效、快捷、经济。
② 使用当前成熟的无人机平台，减少问题的产生。
③ 使用智能车的循迹方式进行类比。

四、项目应用场景

我国西部山区的地貌条件限制了电力线的架设和巡视。相对于短期的架设来说，巡视是一项长期的任务，一旦电力线出现问题，会直接影响民众的生活用电和工厂的生产用电。现在我国主要采用人工巡线，效率低下且成本高昂。无人机巡线凭借其高效性和经济性肯定会在未来成为主要的巡线方式。

五、心得体会

赵金梦："虽然最后没有达到预期目标，不过整个过程了解了很多关于飞行器的知识，学到了很多东西。"

山涛："虽然有遗憾，但是学到了东西，不后悔。"

六、指导教师评语

这个大创题目相对来说涵盖面很大，范围很广，需要解决的问题很多，对学生来说是个不小的挑战。虽然这次的成果有些差强人意，但是我相信他们能在其中学到不少东西。

项目名称：无线定位及应用管理平台的设计

项目分类： 实物
完成时间： 2014 年
指导教师： 刘 颖 李 旭
项目成员： 吴 尧 拓欣依 吴佳倩

一、项目简介

本项目以 TOA 参数定位技术为理论基础，以多节点定位技术为关键技术，以流动人员为主要对象，结合实际应用，采用理论分析、数值推导、模型建立及系统仿真、实验模拟演示等开展研究。

本项目的主要工作是建立 3 个以上的定位参考节点，通过计算移动节点发送无线信号到达定位参考节点的时间，将传输时间转化为传输距离，最终确定无线节点的位置。

二、成员合照和作品照片

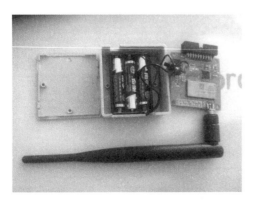
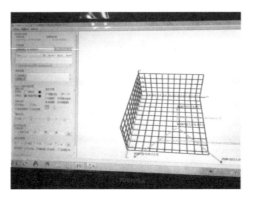

三、项目创新点

① 基于 TOA 参数的定位方法。
② 无线定位参数 TOA 的测试电路设计。
③ 搭建移动节点无线定位演示平台。

四、项目应用场景

本项目的应用范围十分广，适用于仓储调度、贵重物资定位、监狱人员定位、医院人员及设备管理、校园精确定位、物联网领域其他定位类用途等。因为在定位过程中还涉及通信，可以方便管理人员对移动节点的行为、状态进行检查与在线修改，使定位的功能得到进一步拓展。

五、心得体会

吴尧："我听到的会忘掉，我看到的能记住，我做过的才真正明白。"
拓欣依："态度决定一切，热爱是最好的老师。"
吴佳倩："心无旁骛，方得始终。"

六、指导教师评语

该组成员团结合作，通过努力解决了项目设计过程中遇到的各种问题，提高了小组成员对科学研究工作的兴趣和能力。

项目名称：物联网的接入技术

项目分类： 实物
完成时间： 2014 年
指导教师： 钱满义
项目成员： 卢佳琳　赵晋媛　刘　医

一、项目简介

温度传感器可以将温度信息转换为电压信息，单片机采集到这些电压信息后，再将这些信息通过 WiFi 传输到互联网，用户可以通过无线网远程查阅温度信息，并可以通过互联网对温度传感器进行控制。

二、作品照片

三、项目创新点

① 只要有网络的设备就能上网，就能实现远程控制和通信。

② 覆盖面广，可实时更新数据信息。

四、项目应用场景

① 冬天天气较低，车内的温度无法达到启动的温度，这时只需车主在有 WiFi 的地方手动设置一个合适的温度，车内便会自动加热。

② 当人们回到家里之前用手机发送一个温度指令，这时家里的空调便会自动调节温度。

五、心得体会

卢佳琳："我们现在拥有的知识特别少，需要我们做的还有很多。"

赵晋媛："只有亲自动手才能发现问题的实质所在。"

刘医："我们学习的每一个知识点其实都是为了其他知识点的学习埋下伏笔。"

六、指导教师评语

该组同学接到题目后，能够积极思考，认真学习，及时与老师沟通。他们用一年的时间完成了项目，学到了知识，提高了能力。

项目名称：相机影像稳定系统

项目分类： 实物
完成时间： 2014 年
指导教师： 赵　翔
项目成员： 李浩钊　吕建军　胡文杰

一、项目简介

随着摄影摄像行业的日益发展，特别是在一些恶劣的拍摄环境和拍摄条件下，对拍摄效果的要求越来越严格。尤其是电影拍摄过程中一些移动镜头的拍摄，为了避免摄像机抖动，通常辅以移动轨。近期也有类似于斯坦尼康相机稳定系统的设备产生，但都较为笨重。所以，一些更为方便快捷的相机影像稳定系统应运而生，如三轴无刷云台，但是大多为国外专利、国内生产。因此，我们希望通过此项目能够为国内摄影业带来廉价、实用的相机影像稳定系统。

本相机稳定系统采用三轴 MEMS 电子陀螺稳定技术，能实时测量相机俯仰、横滚、旋转角速度，并通过无刷电机进行实时姿态矫正，能更好地提升拍摄效果。

二、作品照片

三、项目创新点

① 步进电机取代无刷电机。市场上三相无刷电机大都适应转速较快的应用场合，而本系统中的电机仅需补偿因人为操作因素产生的小幅度转动，所以只需要使用步进电机。

② 针对云台设计的小巧、精干的驱动器。

四、项目应用场景

相机稳定系统能实时测量相机的角度变化，实时调整使其保持稳定，所以在移动拍摄时会有独到的应用。

五、心得体会

李浩钊："大创不仅仅只是一次比赛，更是大学期间最宝贵的经历之一。"

吕建军："一次难得而又宝贵的科研经历，受益匪浅。"

胡文杰："大创激起了我们探索未知的渴望，锻炼了动手能力。"

六、指导教师评语

本项目具有较高的创新性和前瞻性，将应用背景定位为电影拍摄，有较大的适用性。小组成员团结合作，准备工作充分，在系统的搭建和完善方面付出了巨大努力并取得了一定成果。中期检查、终期检查完成情况尚可，项目基本上达到了预期目标。

项目名称：小型无人机航拍稳定控制云台

项目分类： 实物
完成时间： 2014 年
指导教师： 赵　翔
项目成员： 李松霖　董　昊　胡　玮

一、项目简介

在航拍飞行器的拍摄过程中，飞行姿态会对稳定性要求较高的摄像镜头造成低频的方向扰动。无人机航拍镜头的扰动从方向上来看是全方位的，从频率上来看主要分为高频和低频两种。目前，增稳方式主要有主动式增稳和被动式增稳两种，其中被动式增稳是采用减振器和阻尼器隔离载体的振动，即将成像传感器系统安装在减振装置上，但由于减振器只能隔离载体的高频低幅振动，经过减振后的低频振动仍然会对视轴产生扰动。因此，被动式增稳常常用于消除简单的高频低幅振动。常用的主动增稳方式有以下三种：光学增稳、电子学增稳、平台增稳，其中平台增稳是本项目研究的对象。平台增稳是将全部光学系统和敏感元件安装在一个用环架系统悬挂起来的台体上，并将陀螺等惯性传感器安装于台体上，形成陀螺稳定平台。根据环架系统稳定轴的数量，可分为单轴稳定平台、两轴稳定平台和三轴稳定平台。当环架的支承轴无任何干扰力矩作用时，平台将相对惯性空间始终保持在原来的方位上；当平台因干扰力矩作用偏离原来的方位时，陀螺稳定平台变化的姿态角或角速率反馈到控制核心，经过一系列算法处理，送出控制量给环架的力矩电机，通过力矩电机产生补偿力矩来对干扰力矩进行补偿，从而使平台保持稳定，而平台的稳定也就保证了其上光学系统视轴的稳定，即视轴的稳定是通过对整个台体的稳定来实现的。

二、成员合照和作品照片

三、项目创新点

目前国内外航拍方式多为固定摄像设备的定轴拍摄，这足以适应大多数的航拍需求，但对于一些细致的航拍任务则需要更稳定的拍摄平台。我们采用机载云台的自动维稳控制方式，可以在航拍中得到更精美的画面。

四、项目应用场景

在救灾过程中，通过无人机航拍进入重灾区获取灾区实时情况，成本低、风险小。

五、心得体会

李松霖："第一次做组长，感觉压力很大，责任很重，但觉得自己成长了。"
董昊："第一次做科研项目，虽然很小，但很有成就感。"
胡玮："自己学的知识终于有用武之地了。"

六、指导教师评语

今年虽然不是第一次带学生做大创了，但能和同学们一起完成一个富有创新性的项目，还是十分高兴的。每每遇到困难或取得成功时总是回忆起当初自己做大创时的情景。

这三位同学的大创项目虽然是建立在已有设备的基础上，但是他们充分发挥想象力和创造力，使整个工程焕然一新，最终结果也很让人欣喜，不枉一个学期的努力。

项目名称：新一代直流电脑鼠电机控制优化

项目分类： 实物
完成时间： 2014 年
指导教师： 戴胜华　李正交
项目成员： 罗树斌　许世伟　汤圣杰

一、项目简介

本项目研究的是对直流电机电脑鼠的控制优化，主要是研究怎样使用直流电机来控制电脑鼠正常走迷宫。首先，我们阅读了大量的相关资料，参考以前步进电机电脑鼠的一些制作思路，以及现在已经出现的一些直流电机电脑鼠的资料，全面研究了电脑鼠的每一个模块，比如电源模块、最小系统模块、电机驱动模块、红外显示模块等，尽量选择电路简单、输出稳定的芯片。在这样的思路下，我们逐步制作出了我们自己的直流电机电脑鼠。然后，我们仿照一些已有的电机控制算法并结合我们的电机属性，编写出了直流电机的控制算法。最后，我们编写了直流电机电脑鼠走迷宫的算法，并对电脑鼠的各个模块进行了调试。

二、成员合照和作品照片

三、项目创新点

① 采用了"使用 PID 调节位移-时间曲线"的思想。
② 使用直流电机制作出了电脑鼠。

四、项目应用场景

我们设计的直流电机电脑鼠，经过进一步的调试完善后，不仅能作为学校的教学器材，还可以参加各类竞赛。在目前这个直流电机电脑鼠逐步取代步进电机电脑鼠的时期，我们学校还在使用落后的步进电机电脑鼠，所以急需研制我们自己的直流电机电脑鼠，而我们设计的电脑鼠正好解决了这一问题。

五、心得体会

罗树斌："只有在做的过程中遇到难题并解决它，我们才会有进步。"

许世伟："学到的东西是书本上没有的。"

汤圣杰："只要坚持就能有所收获。"

六、指导教师评语

我相信在这一年来的经历一定会对他们以后的学习与生活产生积极的影响。

项目名称：移动机器人路径规划

项目分类： 实物
完成时间： 2014 年
指导教师： 张文静
项目成员： 贺振宜　李国杰　冯　雯

一、项目简介

移动机器人是一个集环境感知、动态决策与规划、行为控制与执行等多功能于一体的综合系统。移动机器人的研究涉及许多方面，包括移动方式、驱动器的控制，更主要的是要考虑传感器的融合、特征提取、避碰及环境映射等方面的导航与路径规划。由于它在军事侦探、防核化污染、扫雷排险等危险与恶劣环境及民用中的物料搬运上具有广阔的应用前景，使得它的研究在世界各国受到普遍关注。目前，移动机器人特别是自主移动机器人的研究是一个十分活跃且具有广泛应用前景的研究领域。

本项目实质上就是做一个控制小车运行的系统，主要包括遥控和避障两个功能。我们先把系统分成了单片机控制、电机和舵机的驱动、无线收发、传感器检测、Matlab GUI 界面编程 5 个模块。单片机控制部分是整个系统的核心，与其他几个模块紧密相关，在单片机上我们先实现了 PWM 的输出，连上驱动后可以控制电机的转速，这是整个系统的基础。电机的驱动用的是 H 桥，它可以按照输入的不同改变内部电流的流向，从而反映出电机的正转和反转。舵机的转向是由输入信号的占空比决定的，实现起来比较简单。无线收发模块采用的是 433 M 无线模块，一个通过 USB 接计算机，一个接单片机，两者之间互相通信。传感器检测模块用的是 3 个光电模块，成一定角度排列在小车前部，用于检测来自前方、左方、右方的障碍。Matlab GUI 界面作为人机交互界面，通过键盘或者按钮控制小车运行。把这些模块合在一起，就组成了整个系统。

二、成员合照和作品照片

三、项目创新点

① 无线遥控。

② 键盘遥控和自动避障。

四、项目应用场景

小车自动避障功能可以作为地域探索机器人和紧急抢险机器人的运动系统，让机器人在行进中自动避开障碍物。

五、心得体会

贺振宜："想和做是天壤之别。"

李国杰："把学到的知识和实际联系在一起。"

冯雯："团队合作很重要。"

六、指导教师评语

历经一年的努力完成的这件作品，尽管还不完备，还有许多不足，但这是小组成员从一个构想出发一点点做出来的东西，尽管将书本上的知识运用到实际中的技能还不够成熟，但在这个过程中他们的动手能力和科研能力已经得到了锻炼。

项目名称：有轨电车道岔控制器设计与实现

项目分类： 实物
完成时间： 2014 年
指导教师： 曹　源
项目成员： 卢宏康　吴焱森　董　宁

一、项目简介

利用有轨电车模型，实现利用 GSM 模块来控制道岔的转换，从而实现有轨电车道岔的自动控制。

二、作品照片

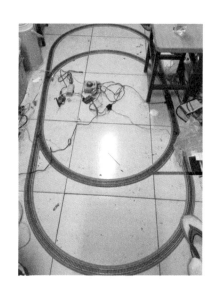

三、项目创新点

① 是一种低成本、高效的道岔控制器。
② 配置方式灵活。
③ 可靠性与安全性高，能够有效地实现有轨电车道岔控制需求。

四、项目应用场景

这个道岔控制器可以应用在城市中的有轨电车和部分地铁中，在多条线路共用部分轨道的情况下，道岔的自动控制会在一定程度上减少人力，以及由于人为因素带来的失误。

五、心得体会

卢宏康："路漫漫其修远兮，吾将上下而求索。"

吴焱森："过程很充实，但成果并没有与设想完全对号，希望以后有人能接着完成。"

董宁："在做项目的同时也充实了自己。"

项目名称：公交车座位报站系统

项目分类： 实物

完成时间： 2014 年

指导教师： 李　旭

项目成员： 王任文　寇奕迪

一、项目简介

目前公交车所使用的报站系统已经较为完善，但是听力欠佳和疲劳小憩的乘客经常由于无法听到报站或没有听到报站而误站。另外，由于车上拥挤嘈杂等原因，也会使乘客无法听清所报站名而导致误站。公交车司机不报站或报错站的情况也时有发生。

本项目计划设计一个公交车座位报站系统：系统利用卫星定位得出车辆所在位置，并与车站间的距离相比较，将位置信息传送到接收装置中；然后系统再将到站信息以震动及语音信息传递给乘客，以达到提前报站的目的。乘客在上车后需坐在有此功能的座位上，输入目的地车站，到站前座位会及时提醒乘客下车。

"公交车座位报站系统"与公交车原报站系统相互独立，在需要时也可替代司机按键报站。

二、成员合照和作品照片

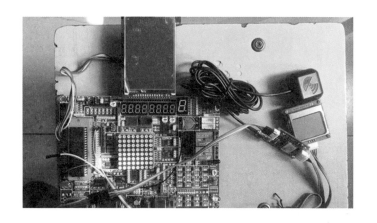

三、项目创新点

① 与公交原报站系统相互独立。

② 与公交座位配合，不占用车内空间。

③ 每位乘客都可以享受定制服务。

四、项目应用场景

系统利用卫星定位得出车辆所在位置，并与车站间的距离相比较，将位置信息传送到接收装置中；再将到站信息以震动及语音信息传递给乘客，以达到提前报站的目的。乘客在上车后需坐在有此功能的座位上，输入目的地车站，到站前座位会及时提醒乘客下车。

五、心得体会

王任文："在实践中学到了很多知识。"

寇奕迪："通过这次大创，我们在合作中学到了很多知识，学以致用的同时提高了自己的动手能力。"

六、指导教师评语

该组学生在这一年中对项目进行了仔细研究，确实付出了一些辛劳，不过他们也收获了很多知识，作为老师这是我最希望看到的。无论最终结果如何，这个过程一定是值得回忆的。希望你们在以后的学习和生活中有更大的成就。

项目名称：智能化的 WiFi-RFID 定位系统

项目分类： 实物
完成时间： 2014 年
指导教师： 付文秀
项目成员： 宋 涛 伍田昊睿 谢朝曦

一、项目简介

将 RFID 电子标签按照一定间距铺设到道路表面或两侧，每张电子标签预先写入地理坐标信息，再在每辆汽车底盘安装读卡器，通过读卡器读取固定位置的电子标签来获得当前汽车的位置信息，以实现车辆定位的功能。另外，该系统还可以进行碰撞前的预警，在汽车速度已知的情况下，利用超声波测距判断与前车的距离是否符合安全距离，不符合安全距离时就会报警。

二、作品照片

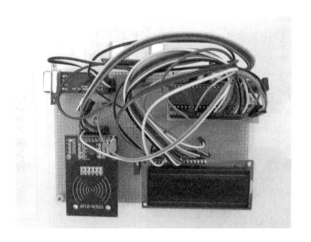

三、项目创新点

① 目前除了本项目采用的 RFID 定位方式外，最主流的定位方式是 GPS。GPS 具有广泛的定位功能，但是其成本高昂，设备维护不易且调用的资源极其庞大，不适用于庞大交通网络的低成本定位。而 RFID 定位方式比 GPS 成本低，而且稳定性更好。

② 我们研究并设定一个安全的减速区间和安全距离，并且在中央处理器设定算法，根据刹车距离与速度的关系，实现安全距离控制。

四、项目应用场景

预先将 RFID 电子标签铺设在公路上，在车辆上加装 RFID 读卡器，车辆行驶在公路上时实时读写 RFID 电子标签中的一些信息，发送给路边固定基站，同时基站读取前车位置、速度等信息，并结合它的实时状态，设计算法，在特定条件下对后车实施辅助制动。此外，基站将车辆地理信息上传至中央处理器，可以实时定位并监控车辆运行。

五、心得体会

宋涛："做工程需要团队每个人的努力。"

伍田昊睿："我们做项目的时候要有耐心。"

谢朝曦："要仔细，需要仔细的调试。"

六、指导教师评语

这个项目其实是一个很大的项目，他们把它做小了，不过做得还算可以。虽然他们只是二年级学生，但还是尽力去查资料，努力地去学习，并且能够合力去解决问题。

项目名称：智能化多功能加湿器

项目分类： 实物
完成时间： 2014 年
指导教师： 赵军辉　陈连坤
项目成员： 李一芒　孟　琦　曹越哲

一、项目简介

湿度是影响空气质量的重要因素，空气中相对湿度的大小会对环境中的人和物产生相应的影响。冬季气候比较干燥，空调房中灰尘、悬浮颗粒物严重超标，病菌容易迅速传播。处于这种环境中，人们易感冒、皮肤过敏，肌体免疫力下降，同时体内水分也加速流失，皮肤显得很干燥。加湿器作为时尚小家电，它能为空调房带来湿润的空气环境。

本项目是以单片机为控制器设计的智能加湿器，以 51 单片机为核心，外接辅助电路，实现加湿器的智能开启、关闭及室内温湿度的显示。

二、成员合照和作品照片

三、项目创新点

① 可以用手机 APP 来控制加湿器。
② 可以实现远程控制，在回家的路上便能使加湿器提前开启。
③ 加湿器能智能控制，可自动检测环境参数并定时加湿。

四、项目应用场景

在办公室工作的时候，你可以通过温度、湿度等按钮获取当前家里的温度和湿度数据，在回家的路上也可以选择开启加湿器来提前营造一个舒适的环境。

五、心得体会

李一芒："通过这次大创，使我对 Java、C 语言和单片机应用更加熟悉，对物联网的发展有所了解，获益颇多。"

孟琦："这次大创，对单片机有了更全面的掌握，也了解到了智能家居的有关知识。"

曹越哲："通过对项目的深入研究，我学习到了单片机串口的有关知识，深入了解了 WiFi 的应用，如物联网等，也知道了团队合作的重要。"

六、指导教师评语

在本次大学生创新项目中，三位同学在老师的指导下基本上完成了任务，硬件和软件均达到了预期效果。希望三位同学在以后的学习中能够取得更大的进步。

项目名称：智能家居中的窗户自动开闭系统

项目分类： 实物
完成时间： 2014 年
指导教师： 周　航
项目成员： 曾国钊　王　伟　施若楠

一、项目简介

本项目研究的是智能家居中的窗户自动开闭系统，主要实现的功能是手动开关窗、监测温湿度智能开关窗及监测烟雾智能开关窗。实物作品由自制窗户、单片机、发动机和多种传感器组成，通过单片机设定初值，传感器接收环境中温度、湿度和烟雾并转换成数字信号，然后与单片机中的初值相比较，从而输出电平控制发动机转动，进而实现窗户的自动开闭。

二、成员合照和作品照片

三、项目创新点

① 采用了灵敏度较高的温湿度传感器和烟雾传感器。
② 在窗户的制作上采用了环保的亚克力有机玻璃。
③ 智能窗户简单易操作，适用于普通家庭。

四、项目应用场景

智能家居是目前十分有潜力的新兴产业，智能窗户则是其中的重要组成部分。本项目主要应用在当屋内无人而室外下雨时、当室内温度高于居住者理想设定值时、当室内有烟雾时，智能窗户都可以实现智能开与关，从而方便使用者的生活，保证使用者的日常安全，提高使用者的生活质量。

五、心得体会

曾国钊："这次大创提高了我们的动手能力，真正将课堂所学知识运用于实践中，同时也是一个查漏补缺、不断学习的过程。在这个过程中我体会到了一个团队的重要性，团队协作是前进的助推器。"

王伟："这次大创让我明白了自己的很多不足，同时让自己掌握了一种新的学习方法，将枯燥的理论知识付诸实践，不仅增加了趣味性，而且学得更快。"

施若楠："通过这次大创，我增加了许多课外知识，也锻炼了自己的动手能力。当然我们的成果还有许多可以完善的地方，希望今后有机会继续改进。"

六、指导教师评语

该项目基本按要求及时间进度完成，设计思路有一定的创新性，完成情况较好。但具体的电路和方案仍需要进一步完善和改进。

项目名称：智能交通信号灯系统

项目分类： 论文
完成时间： 2014 年
指导教师： 周　航
项目成员： 李润雷　李瑞麟　王阳阳

一、项目简介

本项目针对行人穿行较多、人行道过窄不方便设立天桥，又没有地下通道的大人流量非主干道路口（如学校门口、穿过商业区的马路等），设计了一个智能交通信号灯系统。该系统通过测算车辆数、等待行人数，合理控制信号灯，从而达到让行人安全过马路而又不影响交通通行的目的。

二、成员合照和作品照片

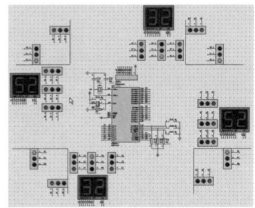

三、项目创新点

① 本项目覆盖了当前智能交通系统未考虑到的地方，而且将行人考虑在内。

② 优化了传统非交叉路口信号灯的时间分配，采用多重信号灯控制方式，保证信号灯工作的可靠性。

四、项目应用场景

本项目适用于行人穿行较多、人行道过窄不方便设立天桥，又没有地下通道的大人流量非主干道路口（如学校门口、穿过商业区的马路等）。

五、心得体会

李润雷："通过此次的项目，我学到了很多，不管是和老师的交流还是和组员的分工合作，我都有了很大的进步。此外，我也初步了解了一个信号灯系统的基本运作流程，拓展了我的知识层面及结构。这些对于我以后顺利进入社会及自身成长有不可忽视的推动作用。"

李瑞麟："一年来的经历，学到了很多东西，自身能力有了很大提升。"

王阳阳："通过不断编程、调试，得到了很好的锻炼，收获颇多。"

六、指导教师评语

该项目最终的论文结构完整，各部分基本符合要求。为了写好这篇论文，该组成员做了大量研究，特别是模糊算法、OpenCV 的编程学习等。论文条理清晰、说理充分，观点具有独创性，有一定的参考价值。

项目名称：智能交通锥筒

项目分类： 实物
完成时间： 2014 年
指导教师： 高海林
项目成员： 王贯瑶　赵子涵　赵月新

一、项目简介

本项目研究的智能交通锥筒能对接近车辆（有发生碰撞可能的车辆）发出语音提醒，以保护车辆不受碰撞。若发生刮蹭事件则可记录全过程，以提供追究责任的证据。本项目具体完成以下工作。

① 超声波测距的基本原理及实现办法。
② 语音芯片的电路设计和操控方法。
③ 红外摄像的实现和数据的存储。
④ 单片机的选取、设计，以及功耗的减小。
⑤ 整个程序的软件编程。

二、成员合照和作品照片

三、项目创新点

① 智能交通锥筒以语音提醒司机，容易被注意到。

② 如果发生剐蹭，可以通过视频方式将其记录下来，方便车主事后查询。

③ 在可能发生碰撞时，全球移动通信系统（GSM）会向车主发送短信提示。

四、项目应用场景

智能交通锥筒可用于停车场。使用时，将锥筒放在停放车辆后方或侧后方，测距模块对准可能有车辆来的方向，打开开关即可。

五、心得体会

王贯瑶："只有真正静下心来才可以做好项目。"

赵子涵："这是一个真正的学习过程。"

赵月新："不断学习、不断研究、相互合作才能做好。"

六、指导教师评语

智能交通锥筒这个项目具有一定的实用性，在实际生活中可以进行生产并投入使用。在这个项目进行的过程中，几位同学积极地讨论、研究，最后很好地完成了项目。

项目名称：交通信号灯辅助系统

项目分类： 实物
完成时间： 2014 年
指导教师： 殷辰堃
项目成员： 蒋司琪　靳东明　刘　黎

一、项目简介

本项目拟开发一个智能交通信号灯辅助系统，在汽车接近红绿灯时，利用传感器将汽车速度信息及信号灯的数据实时传输到车载设备上，然后在信息处理平台上根据合适的算法，提前计算出汽车能否通过及应该以多大的速度通过并反馈给司机，从而实现对汽车通过交通信号灯时的智能辅助。

本项目可以降低汽车通过交通信号灯（尤其是无秒数显示的交通信号灯）时的风险，以人性化的服务给司机提供更加舒适安全的驾驶体验。

二、成员合照和作品照片

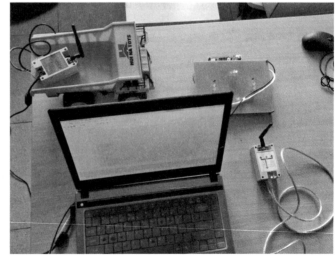

三、项目创新点

① 我们的切入点是如何为司机进行速度提醒服务，使其可以合理地避开红灯。目前国内的车还没有这种服务，所以这种理念本身就具有创新性。

② 可以降低汽车通过红绿灯的风险。

四、项目应用场景

本项目目前只是在实验室仿真，还不能应用于实际。在未来的智能交通系统中，如果私家车和交通灯都可以接入互联网，那么本项目所研究的这种可以给小车提供速度提示的服务将会拥有很大的应用前景，或者说是将来智能交通的发展趋势。

五、心得体会

蒋司琪："通过参加这次大创，让我学到了许多书本上没有的知识。"

靳东明："书本上学到的知识并不意味着在实际操作中行得通，需要多动手，将理论与实践相结合。"

刘黎："当我们动手去做一件事时，会遇到很多意想不到的困难，而我们要做的，就是永不放弃。"

六、指导教师评语

该项目历时一年，基本达到了预期目标，可以实现当初设想的大部分功能。缺点的是实物作品不够完整，因技术原因未设计出车载设备。不过该项目理念新颖，未来发展空间和实际意义都比较大。希望小组成员在今后的学习过程中，找到解决目前问题的方法，完善并往更加智能化、多功能化方向发展，努力使其成为一个完美的系统。

项目名称：智能清扫机路径优化算法研究

项目分类： 论文
完成时间： 2014 年
指导教师： 周春月
项目成员： 周新铭 唐子娟 刘 庸

一、项目简介

本项目主要研究智能清扫机在环境未知的情况下如何规划其清扫路径，以便在尽量短的时间内清扫到房间的每个位置。本项目主要解决三个问题：清扫机能够从房间的某个位置出发遍历整个房间；清扫过程中可以避开房间内的障碍物；在完成以上任务的前提下，使用尽量短的时间且重复率最低。

二、作品照片

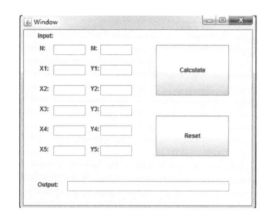

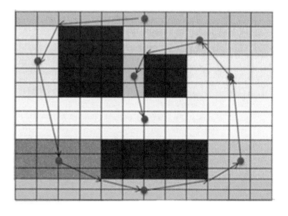

三、项目创新点

① 在未知环境下根据传感器反馈信息采用栅格法建模，然后根据障碍物位置坐标进行区域分割，将整个房间划分为多个可清扫子区域，通过算法确定可行子区域块的最短距离，最后应用蚁群算法实现遍历路径规划。

② 可以实现在尽量短的时间内对清扫环境的全覆盖。

③ 减轻了随机碰撞式算法对清扫机硬件的要求，节约了成本。

四、项目应用场景

因为传统清扫机避障采取随机碰撞式，不仅浪费资源而且对清扫机外壳的制造要求较高，本项目采用路径规划算法能够高效利用传感器，实现避障寻路，大大提高了清扫机的清扫速度，降低了清扫机的制造成本。

五、心得体会

周新铭："编程知识运用得淋漓尽致，算法仍待继续优化。"
唐子娟："发扬团队协作精神非常必要和重要！"
刘庸："重在参与，享受过程。"

六、指导教师评语

该项目基本完成，但是在质量上还不够完美。小组成员要发扬团队协作精神，再接再厉，实现更高一级的功能。

项目名称：智能人脸追踪风扇

项目分类： 实物
完成时间： 2014 年
指导教师： 邵小桃
项目成员： 张楚乔　何俊佑　田　帅

一、项目简介

本项目使用摄像头获取视频帧，利用 OpenCV 识别人脸，找出人脸的中点，根据中点与识别窗口中心水平方向的偏移量定位人脸，并利用串口通信控制单片机，从而实现舵机跟踪人脸。

二、成员合照和作品照片

三、项目创新点

① 挖掘风扇的另一种使用需求，将焦点集中于资源使用最大化和资源节约。
② 充分利用 OpenCV，使其能准确快速地识别人脸。
③ 应用范围广泛，仅需进行微小改动即可应用在其他领域。

四、项目应用场景

炎热的夏天，学生在宿舍里忙于自己的事情，电扇在桌上散热。假若此时他离开自己原本的位置去宿舍其他地方做事，若不手动调整电扇位置，很快就会热得满头大汗，而且风扇空转没有效果。本项目可实现电扇跟随其位置的变化而转向，使风力集中在他身上，从而使资源集中并最大化利用。

五、心得体会

张楚乔："这次实践学习了新知识，锻炼了动手能力，将理论付诸实践，使软件和硬件相结合，收获良多。"

何俊佑："在本次实验前并未学习过单片机，通过自我学习和请教同学，最终克服了困难，掌握了新技能。"

田帅："本次实验中遇到了很多困难，但老师的指导、同学们的帮助、组员们的相互鼓励，使我们坚持了下来。"

六、指导教师评语

该小组成员齐心协力、攻克难关，通过一步一步地学习和查阅资料，取得了很大进步。这次大创很大程度上提高了 3 名成员的科研素质和他们对科学研究工作的兴趣和能力。通过他们的协同配合，很好地完成了大学生创新实验任务的各项要求，并在成果展示中得到了好评。希望他们在以后的学习中取得更大的进步。

项目名称：智能校园巡逻机器人

项目分类： 实物
完成时间： 2014 年
指导教师： 高海林
项目成员： 王奕明　卢美奇

一、项目简介

巡逻机器人集移动机器人技术和保安监控功能于一体，通常由移动机构、感知子系统、控制子系统和报警子系统及通信子系统组成。移动机构是巡逻机器人的本体，决定了巡逻机器人的运动空间和活动能力，可采用步行式、轮式、履带式和混合式等机构形式。感知子系统一般采用摄像感知系统、超声波测距仪、激光测距仪、接触和接近传感器、红外线传感器等。

二、作品照片

三、项目创新点

① 多传感器信息融合算法。

② 导航技术：按照预先给出的保安任务，根据已知的地图信息作出全局路径规划，并在行进过程中不断感知局部工作环境信息，自主作出各种决策，随时调整自身位置，回避障碍，引导自身安全行驶。

四、项目应用场景

本项目完成的智能校园巡逻机器人，可以在校园网覆盖下进行巡逻。

五、心得体会

王奕明："累在其中，乐在其中。"

卢美奇："这次大创锻炼了我的编程能力。"

六、指导教师评语

这组同学基本完成了此次的训练内容，并从中受益。看到他们取得的成绩，我也感到欣慰。

项目名称：智能心律监测及远程诊断

项目分类： 实物
完成时间： 2014 年
指导教师： 余晶晶
项目成员： 刘佳悦　祖建文

一、项目简介

本项目基于心电传感器、Matlab 信号处理等技术，利用可穿戴式心电信号采集装置，实现了实时监测有心脏病史或其他特定人群的心电信息，并保持用户信息与医疗数据处理中心实时同步，实时提取用户心电信号中的病理特征，生成诊断结果，可广泛应用于医疗检测、科学训练等场合。

本项目研究的内容具体分为两大部分：第一部分是心电信号采集设备的可穿戴化（硬件部分）；第二部分为心电信号的数字化降噪及病理特征的提取（软件部分）。

二、成员合照和作品照片

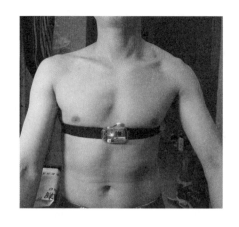
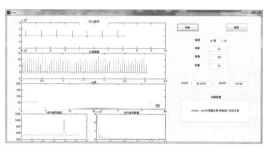

三、项目创新点

① 集低功耗、便携和优异的深层病理信号捕捉性能于一体。信号采集端采用体积小、功耗低、灵敏度高的便携模块，只需将其穿在使用者上身即可采集心电信号；通过低功耗无线模块将数据上传至服务器集中处理，进行较复杂的病理特征提取和诊断。

② 利用小波降噪技术，对强噪声背景下的微弱心率波进行放大和病理特征提取，避免了将传感器植入人体，使长时间无间断实时监测成为可能。

③ 将数据实时上传到强大的数据处理中心进行处理，减小了对信号采集端的要求，实现了佩戴端的低功耗、低成本。

四、项目应用场景

本项目成果可应用于智能远程医疗监控系统等方面，具有较广泛的社会应用前景。

① 可应用于独居老人等高危人群的远程监控。

② 可应用于偏远地区贫困病人的监控和身体恢复情况的反馈。

③ 可应用于指导运动员科学训练等。

五、心得体会

刘佳悦："困难中创新，创新中克服困难。"

祖建文："全面深刻地体会了将自己的想法变为现实的过程。"

六、指导教师评语

本项目在软、硬件方面均具有较大的工作量和创新难度，项目组成员圆满地完成了系统预设方案设计和便携式设计，并进行了病理特征提取算法的探讨和研究。

项目名称：智能衣架

项目分类： 实物
完成时间： 2014 年
指导教师： 马庆龙
项目成员： 汪 璟　张 佳

一、项目简介

　　本项目是基于嵌入式系统开发的智能衣架，主要涉及传感器技术及机械装置设计。该项目的灵感来源于日常生活观察：我们在宿舍晒衣服时通常是"见缝插针"，经常会有湿衣服弄湿别人晒干的衣服；而且我们经常会因为不及时收干衣服，导致衣架不够用或者没地方晒衣服；有时我们还会完全忘记晒的衣服，衣服会因挂在阳台太久而沾灰。

　　本项目的重点是智能衣架的智能化及晾衣架的设计。

二、成员合照和作品照片

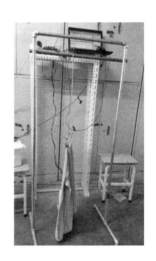

三、项目创新点

　　① 针对集体宿舍。
　　② 晾衣架的简易与低成本设计，意在满足集体宿舍低成本定位要求。
　　③ 在衣架上设计简单低耗能的单片机电路，使衣架具有智能功能，并用智能控制技术实时观察衣服状态。

四、项目应用场景

智能衣架解决了集体生活中衣服晾晒存在的一系列问题，它区别于目前市场上其他依托于家庭设计的智能收缩衣架。我们设计的区别干、湿衣服且能收集干衣服的智能衣架，可广泛投入集体宿舍这一市场，解决了干、湿衣服混放堆积的问题，提高了集体生活的质量，具有很好的市场前景。

五、心得体会

汪璟："有过程足矣。"
张佳："一个优质的作品是在实践中不断改进完善的，不能一蹴而就。"

六、指导教师评语

小组成员积极、热情，态度认真，准备得当，具备项目研究的专业能力。虽然项目在设计方案实现上存在很多困难，但是最终实现了基本功能。

项目名称：自动跟随机器人

项目分类： 实物
完成时间： 2014 年
指导教师： 马庆龙
项目成员： 韩天宇　肖　遥　孙一鸣

一、项目简介

本项目主要是利用蓝牙定位技术制作可自动追随特定目标的机器人。该机器人可识别目标的具体位置并按照一定的轨迹对目标进行跟踪，在跟踪的过程中能克服较常见的干扰，如障碍物、干扰信号等。同时，随着目标移动速度的变化，机器人可自动调节自己的速度以适应目标。

二、成员合照和作品照片

三、项目创新点

① 依靠蓝牙信号的强度进行定位跟踪，跟踪的方法比较独特。
② 多数随身电子设备都配有蓝牙，应用广泛。
③ 功耗较低。

四、项目应用场景

在机场不再需要手推行李车了，只需拿出手机，打开蓝牙，让其与行李车上的蓝牙相匹配，就可以让行李车自动跟着走了。

五、心得体会

韩天宇："乘风破浪会有时，直挂云帆济沧海。"
肖遥："从哪里摔倒就从哪里站起来。"
孙一鸣："好好学习，天天向上。"

项目名称：实用仓储自动记账系统的设计与制作

项目分类： 实物
完成时间： 2014 年
指导教师： 路 勇
项目成员： 马汉城 邓 昶 魏中锐

一、项目简介

本项目是利用 RFID 技术设计制作一台仓储自动记账系统，此系统可自主记录并统计进出仓库的每一件货物及每种货物的数目。此系统可以提高仓储入出库的效率，减少人工的工作量，而且能大大降低出错的概率，使货物出入仓库方便快捷。

二、作品照片

三、项目创新点

① 利用 RFID 技术，实现自动进出库，节省了人力资源。
② 使劳动效率大大提高，并且减少了人工环节，从而使出错的概率大大降低。

北京交通大学

项目名称：基于 RFID 技术的物品防盗可识别定位报警系统

项目分类： 实物
完成时间： 2014 年
指导教师： 周 航
项目成员： 吕兴孝 李 尧 邢 璐

一、项目简介

目前的防丢器一般是由主机和子机组成，工作时子机发出稳定的无线电波，主机接收到子机的无线电信号后不报警。当主机和子机之间的距离超过预定的距离时，主机接收不到子机的无线电信号，就会发出报警声，提醒使用者。

二、成员合照和作品照片

三、项目创新点

① 接收端不用提供独立电源。
② 可同时检测多个终端。
③ 能确定丢失物品的所在位置。

四、项目应用场景

本项目可以应用在仓库、博物馆、珠宝店等物品有规律排列、人员混杂且不易监管的场合。

五、心得体会

吕兴孝："项目的开展需要自主的学习，这是参加大学生创新训练项目与课堂学习最大的不同与收获。"

李尧："项目的开展需要团队的合作，它不仅关系着项目开展的进度，而且关系着一个团队能否坚持到最后并取得一定成绩。"

邢璐："兴趣是最好的老师，在大学生创新项目中我学到了很多。"

六、指导教师评语

该组成员团结合作，通过努力解决了项目设计过程中遇到的各种问题，提高了对科学研究工作的兴趣和能力。通过努力，小组成员很好地完成了大学生创新实验任务的各项要求，并在成果展示中得到了好评。

项目名称：基于光电鼠标的小车室内精确定位系统

作品分类： 实物
完成时间： 2014 年
指导教师： 戴胜华　李正交
项目成员： 崔　璨　安若琳　陈雨晨

一、项目简介

本项目拓展鼠标的应用范围于小车（轮式机器人）的室内定位中，在一定应用范围内解决了室内短距离定位的难题。

该定位方案使用计算机采集可靠的原始数据，以单鼠标及优化的双鼠标定位算法推算轮式机器人的实际位移，后者解决了定位算法受理想转向模型限制的问题，并结合良好的装配达到了理想的室内定位效果。该方案具有定位精度高，不受轮胎打滑、飘移影响，灵活性强，方便易用，成本低等优点。

二、作品照片

三、项目创新点

① 使用 Windows API 直接读取鼠标原始位移数据，定位系统兼容性好，数据采集准确可靠。

② 设计了双鼠标定位算法，推算出小车的实际位移，弥补了单鼠标算法中实际定位受理想转向模型限制的缺陷。

四、项目应用场景

本项目可应用于轮式机器人的室内定位、自主导航中。

五、心得体会

崔璨："大创给了我在创新思维、自主学习、动手实践、语言表达等多方面能力的锻炼，其中的收获比结果更可贵，这份经历精彩而难忘。"

安若琳："大创不仅仅是一场头脑的风暴，它更是一场意志的考验。只有坚持，也只要坚持，就会到达最终的彼岸。"

陈雨晨："在做大创的一年里，我收获了很多，感到很快乐，今后也会继续努力下去！"

项目名称：基于无线传感的牙缸闹钟

项目分类： 实物
完成时间： 2014 年
指导教师： 邵小桃
项目成员： 王 涛 杨晓明 孙 鹏

一、项目简介

针对快节奏生活和赖床群体的庞大，创意闹钟越来越流行。当今的创意闹钟，比如"会跑的闹钟""拼图闹钟"，只是对闹钟本身做了改进，没有使闹钟与开关分离，而且增加了本来就紧张的起床时间。

随着无线传感技术的发展及应用，智能家居无线传感控制成为必然趋势。对于创意闹钟，不增加起床时间必将更受欢迎。

二、作品照片

三、项目创新点

牙缸闹钟具备了当下逐渐流行的创意闹钟的特点，且弥补了其他创意闹钟增加晨起时间的不足。此外，牙缸闹钟通过无线传感控制闹钟的"开关"。另外，牙缸闹钟的外观设计也是我们的侧重点，我们希望做出小巧且美观的新一代牙缸。

项目名称：自动台球桌摆球装置

项目分类： 实物
完成时间： 2014 年
指导教师： 陈　新
项目成员： 张睿文　杜　渺　王小雨

一、项目简介

　　台球作为我国的时尚球类运动，已经普遍存在于大、中、小城市的娱乐场所，有着广泛的群众基础。但是每次台球全部进洞后，下次开盘需要人为掏球、摆球，耗时费力。本项目旨在实现台球开盘时 15 个球的自动摆放。本项目的主要研究内容如下。

　　① 基于花色的台球摆放算法。该算法可以计算每个球在三脚框中的位置坐标，从而使每个球精确地落到对应的位置。

　　② 台球摆放的机械装置。

　　③ 控制系统的硬件电路。

二、作品照片

三、项目创新点

　　① 利用圆筒套着球体运动，保证了运动的稳定性，又不影响其他球的摆放。

　　② 基于二叉树的随机台球花色摆放算法，既保证了台球按照国际规则进行摆放，又不会每次都按照同一种颜色摆放，增加了台球比赛的随机性。

　　③ 优化台球摆放的机械装置，尽可能使用型材，成本降低的同时还提高了整体的稳定性。